KB125934

변방백리

자전거기행

변방백리

효종순례를 떠나다

© 동연재 2021

2021년 2월 22일 초판 1쇄

지은이 김효준
펴낸이 이정은
펴낸곳 동연재
디자인 디자인주홍

등록 제2020-000084호
주소 서울특별시 양천구 목동서로 397, B-209
전화 02-2062-7607
e-mail dongyj20@naver.com

ISBN 979-11-973819-0-4 03980

* 책값은 뒤표지에 있습니다.

자전거기행

변방백리

효종순례를 떠나다 — 김효준 지음

도서출판 동연재

"

이 책의 근원은

사랑하는

가족입니다

프롤로그

문득, 창밖을 내다보다 잊고 있던 감각이 툭 터져 나왔다.

그게 시작이었다.

아득한 자전거 타기의 기억을 소환해 내고, 바람에 흔들리는 나뭇잎 소리와 작은 풀벌레 소리 들만이 허용되는 곳, 차별적으로 일상의 소음이 부재하는 그곳으로 떠나야겠다는 막연한 생각이 돋아난 것이.

그리고 시간의 흐름이 더딘 그곳에서, 하나의 문이 열리며 그동안 어수선했던 자아가 제자리를 찾아 정좌하고, 고요함 속에 평안함을 얻는 기쁨을 갈망한 것이.

자전거를 즐기는 이유는 여러 가지가 있을 터이다.

고속으로 질주하는 쾌감, 가파른 언덕을 오르며 정복해 가는 다소 가학적인 성취감, 구불구불한 내리막길을 가슴 졸이며 달리는 전율 혹은 200km가 넘는 장거리를 완주하는 만족감 등 개인마다 선호하는 충족유형이 있을 것이다.

어쩌면 홀로 자전거를 탄다는 것은 갇혀있던 자아를 폭발시키는 것이며, 부여 잡힌 손목으로 허옇게 변해버린 손바닥처럼 꽉 막혀 있던 상상의 혈관에 비로소 혈류를 흐르게 하는 행위인지도 모른다.

이곳, 저곳에서 어디 묵혀있었는지 알지도 못했던 생각의 씨앗들이 폭죽을 터뜨리며 나타나고, 그 광휘가 너무 찬란하기도 하고 엉뚱하기도 하며 끊임없이 솟구쳐 이어짐에 어리둥절해 하기도 하는 즐거움을 선사 받으며 흘러가는 것이다.

이렇게 자연 속에서 느긋한 자전거 타기를 마칠 때면 폐포 깊숙이 박혀 있던 찌꺼기들은 걸러져 배설되고, 등을 꼿꼿이 해주는 부상浮上의 자루가 어느덧 차 있는 것이다.

소박한 딜레탕트로서의 라이더이므로, 유유히 자연을 둘러보는 것을 즐김의 등줄기로 여기고 있어, 새벽 종소리와 함께 시작하는 변방 백 리 길의 효曉종鐘순례 이야기를 감사함으로 나누어보려고 한다.

목차

01

하늘세평땅세평 · 승부역

때로는 먼 곳으로 훌쩍 떠나고 싶을 때가 있다. 멀다는 것은 지금 이곳과 매우 다름을 의미할 것이다. 단지 물리적 공간에 대한 것뿐 아니라 심리적, 정서적인 부분을 아우르는 전방위적인 상황을 포괄하는 것이리라. 그래서 구체적으로 그곳이 어디냐고 물으면 말문이 막히며 난감해진다. 그저 막연한 곳이기 때문이다. 이럴 때 문득 머릿속에 떠오르는 이미지는 바다일 수도 있고, 깊은 산속일 수도 있으며, 맑은 물이 흐르는 계곡일 수도 있다. 그래서 겨우 얼버무리는 단어는 오지다. 그저 먼 곳이 아니라 아주 먼 곳이기 때문이다. 그럼 다녀오라고 기꺼이 허락되었을 때는 더욱 당황스럽게 된다. 도대체 어디로 가야 한단 말인가?

반딧불이 불빛 같은 승부역

그렇게 시작되었다. 자신에게 허락된 그곳을 찾아서. 이제 한발 한발 자전거의 페달을 밟아나가며 구석구석을 온몸으로 체득해 나가는 것으로, 마치 낯선 사람의 책꽂이를 관망하다가 살며시 책 한 권을 꺼내어 펼쳐 봄으로써 그의 은밀한 내면을 들여다보는 것과 같은 희열을 느껴보고자 한다고나 할까. 이렇게 그곳의 내밀한 부분들을 비밀스럽게 알아 나가는 꿈을 꾸는 것이다. 자전거는 다른 세계로 인도하는 마음의 비밀통로인 셈이다. 그래서 곁을 지날 때마다 다정하게 손을 흔들곤 했다. 그러면 우선, 환한 미소로 화답을 하고는 상상의 나래를 천천히 움직여 비상을 준비하는 것이다.

오지奧地는 직관적으로 이렇게 정의될 수 있으리라. 도시에서 멀리 떨어진 내륙 깊숙한 곳, 사람이 많이 살지 않는 변두리 깊은 곳, 즉 사람이 별로 없는 아주 외진 곳이라는 의미이리라. 그래서일까, 일상이 분주해질수록 아련히 떠오르는 곳, 그저 막연한 곳, 막상 시간이 주어져도 갈 엄두는 나지 않는 곳. 결국, 마음속 한구석에 잠시나마 반딧불이 불빛처럼 신기루를 피우고는, 곧 사라져 버리는 곳인 것이다.

아주 오래전에 할머니가 들려주시던 옛날이야기를 떠올려 본다. 아득한 기억이다. 구술된 이야기의 실체는 모호하다. 다만 그때의 분위기만이 아스라이 남아있으므로. 그래도 구수한 옛날이야기 속에는 오지라는 말보다는 '두메산골'이라는 정겨운 표현이 살갑게 꽃을 피웠다. 그럼에도 이야기 속에만 존재하는 것이 아쉬울 따름이었다.

언젠가 이러한 변지邊地 중에서도 오직 기차로만 갈 수 있는 곳이 있다는 말에 귀가 번쩍 뜨였다. 그 후로는 주머니 속 깊숙이 넣어두고는 가끔 슬쩍슬쩍 꺼내어 보곤 했다. 말 그대로 지독한 오.지. 인 셈이다. 얼마나 가슴 아린 곳이란 말인가. 걸어서도, 차를 타고서도 갈 수 없는 곳이라는 그곳 말이다. 도대체 어떤 곳일까? 아무리 궁리해 보아도 머릿속에서는 캔버스에 그려 낼 그림이 도무지 생각나지 않았다. 가슴속에 신비스러움만 가득 채워 멍하니 있을 뿐이었다. 그러다 첩첩산중에 구름 한 점만을 홀연히 그려낼 수 있었다.

이곳의 기차역 이름이 바로 승부역이다. 들으면서도 고개를 갸우뚱한다. 아주 독특하고도 특이한 이름이다.

'승. 부.'

궁금증은 기차역의 구내에 걸려 있는 안내문 액자를 읽어보며 풀렸다.

승부역에는 다른 역에서는 볼 수 없는 개통비가 세워져 있다. 바로 영암선 개통 기념비가 그것인데, 이 비를 보면 이곳의 선로를 부설하느라 얼마나 많은 애를 썼는지 쉬 짐작할 수 있다. 영암선의 건설은 태백 광산 지역의 지하자원을 수송하기 위해 1949년 착공되었다. 영암선은 영주에서부터 부설을 시작하여 봉화, 춘양을 거쳐 공사를 해 올라가다가 현동을 지나면서 너무 지형이 험해져 더는 진척이 되지를 않았다. 그러자 다시 철암에서부터 석포 쪽으로 공사를 해 내려왔다.

그렇게 해서 승부에 이르러 두 선을 서로 이어야 했는데, 이 지역의 지형이 너무도 험준했다. 암반으로 들어찬 여러 개의 산을 뚫어 터널을 만들어야 했고 밑이 보이지도 않는 아득한 계곡 위로 교량을 놓아야 했다. 그런 난공사를 하다가 결국 많은 사람이 목숨을 잃게 되었고, 그들의 희생 위에 마침내 1955년 개통이 되었다.

그런 희생을 전해 들은 이승만 대통령은 희생자를 애도하며 친히 비문을 써서 내려보냈는데 현 역사에 세워져 있는 개통 비가 바로 그것이다.

수많은 이들의 피와 땀이 만들어낸 영동선의 절정 승부, 열차를 타고 가야만 승부의 과거와 현재를 진정으로 음미할 수 있다.

글을 읽으며 그제야 고개가 *끄*떡여졌다.

승부承富.

그것은 당시 전쟁의 참상을 딛고 일어서야 했던 나라의 모습과도 너무나 닮아 있었을 것이다.

과거, 강원도 철암과 묵호항 사이에는 철암선으로 명명된 철로가 개설되어 있었다. 이는 일제 강점기에 철암, 삼척 지역의 무연탄과 같은 지하자원을 수탈하기 위해 만들어진 것이었다. 경상북도에 위치하고 있는 영주는 중앙선과 경북선이 교차하는 요지이다. 따라서 영주와 철암을 연결하는 영암선의 확장 개통을 이루면 내륙 이송로를 확보하게 되므로 이 지역 자원의 활용이 용이해 지는 것이니, 그만큼 절박한 일이었을 것이다. 그리고 기존의 철암선과 연장 연결을 통하여 내륙과 동떨어져 있던 동해안과도 한 몸체로 이어질 수 있으니 모두가 반기는 일이었다. 현재는 영주-철암-동해-묵호-강릉을 연

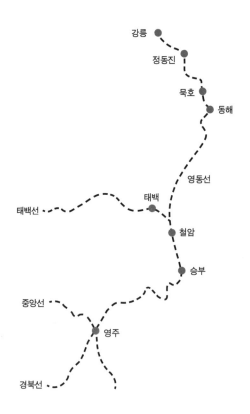

결하는 전체 철도 노선 이름을 영동선이라 부르고 있으며, 그 길이는 193.6km에 이른다고 한다.

승부역의 정확한 행정 주소는 '경상북도 봉화군 석포면 승부리 산1 -4번지.'

기차로만 갈 수 있었던 이곳은 이제 도로가 개통되어 차량을 이용해서도 접근이 가능해졌다.

마음속에 아련히 가지고 있던 생각을 실행에 옮긴다. 드디어 자전거를 타고 꿈에 그리던 곳으로 가는 것이다.

석포역을 출발점으로 삼는다.

석포역에서 승부역 사이는 기차역으로 한 구간에 불과하다. 오랜 세월의 장막을 뚫고 새로 개설된 도로를 이용해서 왕복하여도 20㎞를 다소 상회하는 짧은 거리이다. 이 길은 '승부길'이라고 명명되어 있다.

견고한 빗장을 풀어 연결된 비장한 이름의 길을 따라 페달을 밟는다. 길은 햇빛에 반짝이는 지천을 따라 이어진다. 어디에나 있을 법한, 그래서 크게 염두에 두지 않은 이 소소한 물길이 낙동강의 최상류임을 알게 되면서 깜짝 놀랐다. 전혀 연결되지 않을 단어인 낙동강과 이어지며 그 존재감이 급상승하는 것이었다. 낙동강의 발원지는 황지 연못. 교과서적 지식의 한계이다. 태백시의 황지에서 시작한 물이 경도와 나란히 뻗어가는 수로를 따라 1,300리를 흘러 바다와 만난다는 것이 경이롭기까지 하다. 이곳에서 자그마한 병에 사연을 담아 밀봉하여 띄우면 낙동강을 따라 하염없이 흘러 남해로 이어지고 태평양으로 연결되어 해류를 따라 이름도 모를 그 어디인가에 도착하여 얼굴도 모르는 누군가의 손에 전달될 수 있다는 실현 가능한 이야기를 그려보며 환한 미소를 지어보는 것이다.

그런데 고산준령에 둘러싸인 도시인 태백이 발원지라는 사실은 그곳을 방문하면 더 의아해진다. 하루에 5천 톤이라는 어마어마한 물을 쏟아내는 곳이라는 거다. 해안가에서나 용출되는 물을 볼 수 있는 제주도를 떠올려 볼 때 도무지 이해되지 않는 아이러니 그 자체라고나 할까. 여기서 끝이 아니다. 한강의 발원지인 검룡소도 바로 태백에 있다. 우리나라 양대 강의 발원지가 모두 그곳에 있는 것이다. 이제 태백을 축복의 땅이라 부르자.

바퀴를 굴려내며 함께 달리는 지천支川.
섬진강을 따라 자전거 종주를 경험한 사람이라면 그 느낌을 충분히 알리라. 미미하게 시작한 물줄기가 묵묵히 쌓여 거대한 강이 되어 바다와 합류하는 장관을 보면서 가슴속 깊이 가득 차오르던 감격을. 그러고 보니 여기에서 시작하는 여정이야말로 진정한 낙동강 종주가 되는 것이로구나.
이곳의 시작도 바로 소박함이다.

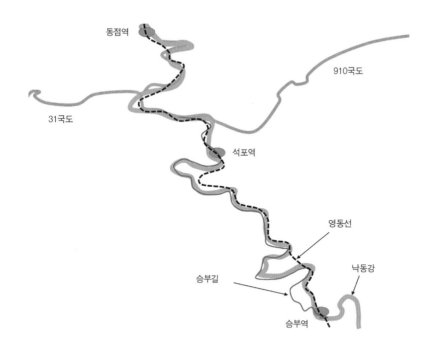

그리고 계절이 주는 선물, 만추의 절경을 감사히 받는다.

페달을 자꾸 멈춰, 가슴속 깊이 차곡차곡 담는다.

형형색색의 강렬한 빛깔로 불타오르는 단풍이 아님이 더 좋다.

맑고 투명한 수채화.

바로 그 느낌이 마음을 흔들어 채워나가는 것이다.

온몸을 스치며 지나가는 바람이 달다.

복잡한 일상.

구깃구깃한 마음 언저리.

그리고 켜켜이 묵혀 있던 깊숙한 것들도 하나둘씩 먼지를 떨며 나

선다.

폐포 가득 채우는 시원한 공기 방울들이 깊은 잠에서 깨어난 그들을 툭툭 떨어 날린다.

감사한 디톡스 detoxification.

다행히 돌투성이, 진흙 웅덩이가 이어지는
비포장의 고약한 길이 아니다.
지천을 사이에 두고 기차와 자전거가
서로 곁눈질하며 흔쾌히 달린다.
모두 낙동강 물줄기를 향해 나란히 나란히 나아가는 것이다.

달리던 기차는 군데군데 터널로 숨었다 나타남을 반복한다.
험준한 지형을 과감히 뚫고서 달려가는 것이다.
자전거도 크고 작은 몇 개의 다리를 건너며 기차와
견주기를 계속한다.
밀당.
그리고 헤어짐.

봄에 이곳에 왔다면 처녀치마꽃을 볼 수 있었을 것이다. 어떻게 이런 이름을 가지게 되었을까. 생김새가 뭔가 서투른 느낌을 주어서일까? 아니면 수줍지만, 생기가 넘치는 모습이어서였을까? 그래도 보라색으로 물들인 레게머리를 연상시키는 꽃이 핀다는 것은 처녀치마라는 이름에 어울리지 않고 영 생뚱맞다.

어쩌면 얼레지꽃 군락을 볼 수 있었을지도 모른다. 소담스럽게 고개를 숙이고 피어난 자그마한 보라색 백합들의 향연에 마음이 푸근해졌을 것이다. 길을 따라 앙증맞은 노란 우산의 물결을 볼 수 있었을지도 모른다. 이름도 귀여운 애기똥풀의 꽃들이 바람에 일렁이며 손 흔들어 맞이하는 싱그러운 세상에 함께 하는 것. 이 또한 멋진 일이었으리라.

지루함을 달래 주려는 듯 오르막 경사지가 나타난다.
허벅지에서는 팽팽한 긴장감을 느낀다.
안장에서 일어나 자전거 위를 저벅저벅 걷는다.

댄싱.

페달에 체중이 실리며 힘차게 올라간다.

기분 좋은 오름이다.

빽빽한 나무숲을 잠시 지나자 탁 트인 시야가 펼쳐진다.

승부리라는 이름의 마을을 지난다.

경사진 밭들과 어울리는 농기계들이 듬성듬성

자리를 잡고 늘어져 있다.

이곳은 도시의 시간과는 매우 다를 듯하다.

계절의 흐름도.

모두 비선형적인 시간 축에서 흘러가리라.

문득, 오래된 열악한 도로를 달리는 자전거 대회가 떠올랐다. 아마도 비좁고 굴곡진 도로와 옛 풍경들이 오버랩 되어서였을 게다.

루베Roubaix라는, 프랑스 북동쪽의 광활한 평지에 위치한 도시가 있다. 파리에서 214km 떨어져 있다. 한때는 섬유 산업으로 주목받았지만, 현재는 프랑스에서 가장 가난한 도시 중 하나이며, 인구도 10만이 되지 않는 이곳이 부활절이 임박하면 스포트라이트를 받게 된다.

UCI에서 개최하는 많은 자전거 대회 중에서 가장 터프한 것으로 악명이 자자한 파리–루베Paris-Roubaix 대회가 열리기 때문이다. 악명의 근원은 통과하는 코스의 난폭함이다. 보통 아스팔트나 콘크리트로 포장된 도로를 달리는 다른 대회와는 달리 고전적인 코스를 트레이드 마크로 내세우는 까닭이다. 프라하나 로마와 같은 오래된 도시에 가면 도로 표면이 작은 돌들로 포장되어있는 것을 볼 수 있다. 도로의 내구성과 운행 용이성을 위해서 코블스톤^{cobblestone}이라 불리는 돌멩이들로 도로를 포장해 놓은 것이다. 역사가 오래된 유서 깊은 방식이다. 일반 흙길은 비가 오는 경우 진흙탕이 되어 통행이 힘든 것을 보완한 방법으로 도보나 마차 운행에는 용이했다.

그런데 이런 도로를 자전거로 달리는 것은 라이더에겐 고문이나 다름없다. 울퉁불퉁한 도로를 달리면 그 진동이 고스란히 라이더에게 전달이 되어 온몸으로 그 여파를 감내해야 한다. 특히 사이클로 불리는 로드용 자전거는 프레임 자체를 제외하고는 일체의 완충장치가 없는 구조이기 때문에 이런 도로를 장시간 달리다 보면 손목은 물론 발목과 목 등 신체 여러 부위의 통증을 유발하게 된다.

또 다른 위험 요소는 비가 오면 반들반들한 돌 표면에 물이 코팅되기 때문에 자전거 슬립의 원인이 되어 낙차 사고가 빈번하게 발생하게 되는 것이다. 그러나 이 대회의 정체성은 바로 이 코블스톤 코스를 달린다는 것에 있다. 구경하는 사람들이나 TV로 시청하는 사람들은 대회 도중 발생하는 의외성에 환호하겠지만 참가하는 선수들은 남다른 각오를 다지고 나오리라. 그들에게는 완주하는 것만으로도 큰 의미가 있을 듯하다.

파리-루베 대회 코스 길이는 전체 260km 정도 되는데 20%인 50km 정도만 악명 높은 도로로 구성된다. 그중 이 구간이 대회 성적을 판가름한다. 그래서 주최 측은 더 외지고 험악한 도로를 군이 찾아 대회 코스로 구성하기 때문에 관중의 시선을 붙드는 것이다. '외짐.'

역설적으로 이것이 사람들이 찾는 키워드가 되는 것이다.

　UCI가 개최하는 그 많은 대회 중에서도 이처럼 강렬한 인상을 남길 수 있는 경쟁력의 근원이 바로 낙후된 도로의 상징인 노면의 포악함에 있다는 사실은 시사하는 바가 크다. 이제는 애써 그러한 도로를 찾아 보존하기까지 한다는 사실도 낯설지 않은 것이다. 외짐은 소외가 아니라 이제는 'Hot'함으로 읽힐 수 있을 것이다. 길을 달려오며 이곳의 정체성은 무엇으로 끌어내어 질까를 다시 생각해 보게 된다.

　이제 많이 달려왔다. 언덕과 마을을 지나서 그동안 사라졌던 물줄기와 기찻길과 재회의 기쁨을 나눈다. 다시금 익숙한 만남이다. 그리고 나타나는, 페라리 F1 머신의 폭발적인 레드 컬러를 연상시키는, 강렬한 빨간색 다리에 또 한 번 깜짝 놀란다.

장터에 나서는 할아버지가 손주 며느리가 보내온 옷으로 잔뜩 멋을 부린다고 할머니에게 핀잔을 듣는 모습을 보는 기분이랄까. 그런 객쩍은 생각이 밀려오는 것이었다. 개설된 도로와 승부역을 가로질러 잇는 현수교의 자태가 볼수록 더욱 눈부시다. 그래도 어색하지 않은 어울림이 묘하다. 이제 다리를 건넌다.

저 너머 기다리는 기차를 향해서 나아간다. 마치 판타지 속으로 출발하려고 은밀한 시간에 맞추어 대기하고 있는, 곧 기차역 벽에 숨겨져 있던 PLATFORM 9와 3/4을 통해 탑승을 시도할, 평범한 외형에 숨겨두었던 비밀스러운 모습을 드러낼 아담한 객차에 오르기 위해 부지런히 발걸음을 옮기는 것이다.

역 구내에 들어서면 한눈에 알아보게 되는, 역무원이 쓴 시라고 알려진 비석이 세워져 있다. 읽을수록 감탄이 나온다. 어쩌면 이토록 함축적인 표현이 가능했을까. 겨우 28자로 이곳의 모든 것을 담아내고 있으니. 그래서 담대하게 커다란 돌 판을 펴고 있으리라.

승부역은
하늘도 세평이요
꽃밭도 세평이나
영동의 심장이요
수송의 동맥이다.

철길을 건너 승부역 플랫폼에 들어서면서 터져 나오는 짧은 탄성과 함께 눈이 멀었다. 그리고 가슴이 먹먹해졌다. 그랬다. 바로 이 모습을 보기 위해서 그 먼 길을 달려온 것이다. 구내의 작은 벤치에 앉아 고요함 속으로 침잠한다. 아무도 없는 이곳에서 나뭇잎 떨어지는 소리를 듣는다. 이렇게 가을은 수줍게 천천히 익어가고 있었다. 모든 것이 무장해제 되었다. 아무런 생각도 피어나지 않는 무념의 상태로 하염없이 머물러 있었다.

슈베르트를 만나다

라이딩을 마치고 일상으로 복귀한 이후 바쁜 일정을 보내고 있었다. 주말 저녁이 되어 한시름 내려놓고 음악을 듣기 위해 이런저런 손놀림으로 음반을 둘러본다. 얼마 되지 않는 양이지만 하나하나 꺼내어 재킷을 보고 수록되어있는 곡을 보며 연주자를 살펴보는 시간은 마음에 여유로움을 선사해 준다.

정작 음악을 듣고 있는 것이 아님에도 분위기 좋은 레스토랑에서 느긋하게 메뉴를 고르는 즐거움에 비견될 수 있으리라. 그러다 문득 이 앨범이 눈에 들어왔고 지나간 라이딩의 잔영이 심연에서 살아나는 것이었다. 흔히 묘사되는, 어둡고 칙칙하고 부정적인 '심연'이 아니라, 체험이라는 형태로 불특정한 위치에 가라앉은, 깊이를 헤아릴 수 없고 굳이 가늠할 이유도 없는 마음 깊숙한 곳에서.

가을의 단풍 하면 흔히 울긋불긋 화려한 색깔의 향연을 떠올리게 된다. 그런데 오지라는 명칭이 접두어로 붙는 소박한 승부역 구내에서 느끼는 가을은 바로 앨범 재킷과 같은 느낌이었다. 그 사실을 지금 확증해 주고 있다. 그리고 슈베르트와 너무나 잘 어울리는 곳이었다는 사실도 이제야 뒤늦게 깨닫게 되었다.

마르셀 슈나이더Marcel Schneider의 저서인 슈베르트Schubert에는 다음과 같은 구절이 있다.[33]

"슈베르트의 음악은 하늘을 환기시킨다. 순진무구함과 따뜻한 사랑의 장소. 그들이 지상에서 그랬던 것처럼 서로 사랑하는 사람들이 만나는 장소로 꿈꾸어오던 하늘. 슈베르트와 음악은 이 잃어버린 낙원에 대한 동경이다. 따라서 그의 음악은 우리를 감동하게 하며, 그 매력 안에 우리를 붙잡아둔다. 따라서 그의 음악은 다른 어떤 음악과도 같지 않고, 그 때문에 우리에게 독특한 언어로 말을 거는 것이다."

통상 슈베르트를 비운의 천재라고 부른다. 31살의 젊은 나이에 요절한 것이 하나요, 사망에 이르게 된 병명에 드리워진 삶의 그림자가 둘이요, 생전에 그의 진가가 충분히 인정받지 못했음이 셋이요…. 아마 그를 향한 뒤늦은 애정의 헌사인지도 모른다. 그래서였을까? 하늘 세 평 승부역은 처연하게 슈베르트와 더 잘 어울려 다가오고 있다.

음반을 꺼내어 들어본다. 특히 2악장의 선율은 가슴속에 아련한 여운을 남기며 어디론가 이끌어 가는 듯하다. 그래서 많은 영화에 삽입되어 사랑받는 것일까. 사람들의 감성은 주관적이면서도 놀라울 정도의 보편성도 띠고 있다는 것의 방증이리라.

"슈베르트의 음악을 듣고 있으면 마음이 맑아지고 낙원에 있는 듯한 생각이 든다.”

스트라빈스키Igor Stravinsky의 말이 그에게만 해당하는 것은 아니지 싶다.

사실 이 하나의 악장만으로도 충분한 작품이 되지 않을까 하는 생각도 든다. 마치 8번으로 명명된 미완성 교향곡이 단 2개의 악장만으로도 이미 충만한 감동을 주는 것처럼.

어디선가 피아노 트리오 2번의 2악장이 삽입되었다고 알려준 영화의 제목을 듣고는 잠시 갸우뚱했었다. ‘피아니스트’라는 제목의 영화에서 이 곡을 들어본 기억이 전혀 없어서였다. 오히려 무척이나 좋아하는 쇼팽Chopin의 녹턴Nocturne No. 20이 주제곡으로 쓰인 것을 확실히 기억하고 있었기 때문이다. 그래서 찾아보았더니 같은 제목으로 1년 이른 2001년도에 개봉한 영화를 지칭한 거였다. 원래 제목은 The Piano Teacher이고 미카엘 하네케 감독의 작품을 국내에서 ‘피아니스트’라고 개봉을 해서 혼돈된 것으로, 번역하며 생기는 해프닝이리라. 이 작품을 보니 실제로 2악장을 연습하는 장면이 나온다.

프랑스 영화는 다소 난해한 구석도 있고, 인물들의 독특한 개성이 이질적이랄까, 쉽게 읽히지 않을 때가 많기도 해서 선호도는 늘 후순위로 밀린다. 이 영화도 선호하는 취향이 아니라 자발적으로 볼 일은 없었으리라. 시간이 되면 로만 폴란스키 감독의 피아니스트The Pianist

를 다시 한번 봐야겠다고 생각해 본다.

그래도 기억을 되살린 덕분에 조성진이 연주하는 쇼팽의 녹턴 영상을 찾아 들어보았다. 피아노 연주를 참 잘하는 젊은이라는 생각을 새삼 하게 된다. 앞으로 얼마나 더 많은 감동을 줄까 다시금 기대가 피어난다.

선택한 음반인 아이작 스턴Isac Stern, 레너드 로즈Leonard Rose 그리고 유진 이스토민Eugene Istomin의 연주는 특히 가을과 잘 어우러진다는 생각이 든다. 그런데 '이 곡이 당시 대중들에게 성공적으로 어필하였다는 사실이 놀랍기까지 하다'는 표현을 보면서는 가슴 한편이 아리다. 가곡을 제외하고는 작곡가로서 현재의 명성에 비해 보잘것없는 대접을 받은 것 같아서이다. 슈베르트 사후 100주기 행사에서, '그가 작곡한 피아노 소나타 작품이 있는지도 몰랐다'라는 라흐마니노프의 일화에 비견하면 지금은 얼마나 다행스러운 일인지.[33-35]

"한 장르의 창시자는 대가라 할 수 있는데, 예술가곡이라는 장르를 창조한 슈베르트."
"슈베르트의 인생이 너무 짧아서 작곡가로서 대작을 탄생시킬 만한 충분한 시간이 허락되지 않았다는 것도 편견이며, 슈베르트의 친구들조차 제대로 파악하지 못했을 정도로 많은 기악곡을 남겼다."

알프레드 브렌델Alfred Brendel의 말은[18] 일반론적인 내용과 상반되는 고무적인 일인지 모른다.[33] 마치 슈베르트 묘비에 적혀진 문구와는 정반대로 그의 작품들이 계속해서 되살아나고 있음에 대한 반전의 모습으로.

"음악은 이곳에 소중한 보물을 묻었노라.
더 귀한 희망과 함께."

이 문구를 쓴 그릴파르처Franz Grillparzer는 소망을 묻어버리고 마는 것이 아니라 후세에 함께 할 희망을 남겨 놓자는 바램으로 그의 죽음에 대해 아쉬움을 나타낸 것은 아닐까. 앞으로 슈베르티아데Schubertiade를 찾아, 좀 더 부지런히 그의 작품들을 들어보자는 마음을 가지고 이 곡을 한 번 더 담아본다.

요즘은 노스탤지어nostalgia 붐을 타고 다양한 분야에서 여러 형태의 품목들이 눈길을 끈다. 음반에도 레트로 열풍이 불어 과거의 LP를 새로 제작하여 판매까지 하니 버킷리스트에 있던 것을 신품으로 구입할 기회가 늘어나고 있다. 혹자는 이런 리이슈reissue 음반들의 음질이 형편없다고 혹평하며 은근히 자신이 소장한 오래된 초반의 우월성을 자랑한다. 비교하여 들어보지 못해서 알 수 없지만, 그에게는 실제 그렇거나 혹은 적어도 그렇게 믿고 싶을 것이다. 어떤 이는 지나치다 싶을 정도로 고가로 거래되는 중고 음반 시장에 리이슈 음반의 등장이 경종을 울린다며 반기기도 한다. 물론 재발매 음반 중에서 한정판이라는 이름으로 터무니없어 보이는 고가로 발매되는 경우는 제외하고서.

와인의 깊은 맛과 그 세계는 잘 모르지만 오래됨이 가치로 평가받으려면 보존상태 등 까다로운 검증 절차를 통과해야 한다고 한다. 생업의 가슴 누름을 떠나 숨통 트이려 하는 취미 생활조차 옥죄어 할 필요가 무엇이란 말인가? 어차피 모두 소모품에 불과한데, 그저 마음 편하게 즐기면 되는 것 아닐까.

음질의 우열을 구분하는 잣대가 있는지, 그 실체가 무엇인지는 모르겠지만, 마치 장작 타는 소리처럼 음악 감상을 거북하게 만드는 방해 요소들은 있는 것 같다. 그래서 깨달은 것이 있다. LP를 재생하는 아날로그 시스템은 CD나 스트리밍을 위한 디지털 시스템과는 달리 섬세하고 예민한 것이 아니라 다소 무디더라도 포용력 있는 특성으로 구성해야겠다고. 덕분에 가지고 있는 음반 대부분이 오래된 중고 음반으로, 상태도 천차만별이지만 다행히 그럭저럭 큰 불만 없이 음악을 즐길 수 있게 되었다.

오래전 황학동에서 예닐곱 장에 만 오천 원인가를 주고 구입했던 음반들. 재킷의 손상된 부분을 보수하고, 음반의 찌든 먼지를 깨끗이 닦아 낸 후, 겉과 안의 비닐을 새로이 교체해서 식구로 자리 잡은 음반들. 그중의 하나인 이 슈베르트의 음반 덕분에 가을밤 풍요로운 감성의 호사를 누리게 되었음에 그에게 고마움을 전한다.

02

삼형제 섬마을을 달린다 · 신도 시도 모도

그 먼 곳을 이토록 빠르게 이동할 수 있음도 이제는 별 감흥이 없다. 너무도 익숙해져 버린 탓이다. 자유롭게 나는 새를 보며 하늘을 날고자 열망했던 그들 덕분에 지금 아무 생각 없이 문명의 이기를 누리고 있음도 지극히 당연한 일인 것이다.

오래도록 서울의 국제적 관문은 김포 공항이었다. 꾸준한 여객 수송량 증가에 따른 확장 필요성이 계속해서 제기되었다. 그러나 현 위치에서의 물리적 확장에는 한계가 있었다. 그래서 대안으로 영종도가 대두되었다는 소식이 전해졌을 때 모두 의아해했다.

조수간만의 차가 큰 서해안의 특성을 활용하여 영종도와 용유도 사이의 지역을 매립하여 새로운 공항을 건설하자는 것이었다. 마치 소설 속에서나 가능할 것 같은 실로 대단한 아이디어로, 다들 반신반의했다. 세간의 의혹을 불식시키듯 1992년 공사를 시작하여 2001년에 완공되어, 보란 듯이 신공항으로 개항하게 되었다. 강산이 바뀌는 10년 대역사가 이루어진 것이다. 그동안 서해안 곳곳을 간척하여 국토를 넓히던 기술의 집약체가 완성된 것이다.

개항 이후 영종도 공항 터미널은 지속적으로 확장 공사가 진행되고 있다. 여행객, 화물량이 계속해서 늘어난다는 것은 기뻐할 일이다. 이를 토대로 동북아시아의 허브 역할을 할 수 있다면 좋을 것이다. 더불어 영종도와 용유도 일대는 각종 부대시설과 배후 도시 개발이 병행되면서 현재까지도 끊임없는 격변의 시대를 이어 오고 있다.

과거 배를 타고 영종도와 용유도를 가보았던 방문객의 입장에서도 경이로운데, 이곳을 생업의 터전으로 삼았던 사람이라면 지금의 모습을 더더욱 받아들이기 힘들 것이다. 그들에게는 그야말로 천지개벽의 모습 아닐까.

삼 형제 섬으로

엄청난 이송량으로 분주한 공항 곁에 수줍게 떠 있는 섬들이 있다. 바로 신도, 시도 그리고 모도이다. 마치 형제들처럼 옹기종기 모여 있다. 그리고 세 개의 섬들은 서로 다리로 연결되어 있어, 교량을 통해서 작은 섬들 사이를 오갈 수 있다는 사실만으로도 얼마나 매력적이며 끌림이 있는지.

이 중 가장 큰 섬이 신도이며 영종도에서 제일 가깝다. 신도와 마주 보는 곳에 영종도 삼목여객터미널이 있다. 이곳에서 출발하는 배는 신도와 장봉도가 목적지이다. 장봉도는 모도의 서쪽에 위치한 섬으로 올망졸망한 삼 형제 섬에 비하면 체급이 다르다.

처음 출발하는 배를 타기 위해서 부지런히 달려왔다. 마음만큼 따라주지 않는 몸을 채근하여 다행히 선박에 제시간에 탑승하였다. 배는 예상했던 것에 비해 규모가 컸다. 차량까지도 실을 수 있는 일명

카페리 선박이다. 처음 가는 길인지라 갑판에 서서 주변을 구경삼아 둘러본다. 선실에 있는 탑승객들은 아마도 장봉도가 목적지일 것 같다. 그래서인지 더 느긋해 보인다. 아이들의 탄성 소리에 이끌려 가보니 갈매기 곡예가 한창이다. 언제부터일까? 배를 타면 새우깡 한 봉지를 사서 갈매기들과 교감하는 것이. 이 아이들의 부모는 부지런했고, 그만큼 아이들은 행복해했다. 그리고는 나의 자녀들을 떠올리며 그때는 나도 부지런했었구나! 회상하면서 피식 웃음이 나왔다. 신도의 선착장까지 실제 운항 시간은 불과 10여 분 남짓이다. 그 짧음을 아쉬움으로 남겨둔다.

배에 자전거를 싣는 순간부터 자전거는 자동차가 된다. 일명 자전차. 이는 탑승 요금을 거르지 말아야 한다는 것을 의미한다. 이제 단순한 휴대 물품이 아니라 탑승용 차량으로 규정되는 것이다.

이른 아침, 바다를 건너 섬에 도착하면 커다란 앞문이 열린다. 차도 사람도 썰물처럼 빠져나간다. 잠시 자전거 점검과 세팅을 하는 사이에 시끌벅적하던 신도의 선착장은 고요함 속으로 되돌아간다. 모두 각자의 길을 향해 분주함을 챙겨 떠나 버린 것이다.

이제 페달링을 시작한다. 우선, 가장 먼 곳에 위치하는 모도를 목적지로 정하고 출발한다. 이번 여정은 모도-시도-신도의 순서로 둘러보기로 한다. 모든 탐험을 마치고는 첫발을 디뎠던 선착장으로 복귀하는 여정으로 정했다.

잘 포장된 도로를 달린다. 초기에 접하는 오르막길은 워밍업하는 데 도움이 된다. 너무 가파르지도, 길지도 않은 적당한 긴장은 근육을 깨우는 신호가 되는 셈이다. 소담한 마을을 지나 신도의 해변 길을 따라간다. 좌측의 바다와 물 빠진 갯벌에서는 비릿한 갯내음이 가득하다. 저 갯벌에는 어떤 녀석들이 살고 있을까?

열심히 양발로 개흙을 먹던 게들은 발걸음 소리에 쏜살같이 구멍으로 사라지곤 했다. 그러면 무척 궁금해지는 거였다. 찰나의 순간에 정확히 자기 집으로 돌아간 것일까? 만약 다른 집으로 들어간 것이면 어떻게 될까. 그 소란함이 보고 싶어지는 것이다. 그래서 구멍을 파다 보면 가끔 조개가 나오기도 했다. 누군가 "낙지다"라고 소리쳐 부지런히 달려가 보면 기대했던 모습은 사라지고 여기저기 숯검정으로 장식된 우리뿐이었다. 서로 얼굴을 보며 깔깔대던 그 시절이 몹시도 그립다. 손에 꼽을 그 아련한 추억들은 다시금 가슴속 빈자리를 들춰내는 거였다.

멀리 다리가 보인다. 신도와 시도를 잇는 다리이다. 정식 명칭은 '신시도 연도교'. 연도교連島橋는 문자 그대로 섬과 섬을 연결하는 다리를 의미한다. 한편, 육지와 섬을 연결한 다리는 연륙교連陸橋라 부른다. 따라서 영종대교는 연륙교인 셈이다.

시도의 중앙을 관통하여 달린다. 잠시 해변을 따라가다 보니 또 하나의 다리가 보인다. 시도와 모도를 잇는 두 번째이자 마지막인 다리를 만나는 것이다. 왕복 2차선으로 예상을 뛰어넘는 스케일이다. 덕분에 자전거로 호쾌하게 바다를 가로지르는 기분이 묘하다. 마치 업데이트하지 않은 내비게이션 때문에 바다 한가운데를 운전하고 가는 기분이라고 할까.

데릭 시버스Derek Sivers는 인기 많은 TED 강연자이자 30여 권이 넘는 저서를 출간한 작가이다. 1998년 온라인 음반 스토어인 CD Baby를 만들어 2008년, 220억 달러에 매각한 일화로 더 유명하다. 팀 페리스Tim Ferriss는 본인이 진행하는 팟캐스트 방송에서 수백만 청취자와 함께 '세계에서 가장 성공한 인물 200명'을 선정했다. 그들과 인터뷰한 내용을 엮어낸 책에 소개된 데릭의 자전거와 관련된 일화를 소개한다.[50]

"산타모니카 해변에 살 때 저는 한 친구 덕분에 자전거 타기에 푹 빠진 적이 있습니다. 당시 해변 옆으로는 아주 훌륭한 자전거 도로가 40km 가까이 뻗어 있었죠. 난 그 도로에 접어들면 고개를 푹 숙이고 페달을 힘차게 밟으면서 새빨개진 얼굴로 씩씩거리며 달렸죠. 그렇게 도로 끝까지 전속력으로 달렸다가 전속력으로 되돌아오는 게 제 운동 습관이었어요. 그때마다 타이머로 시간을 재면 늘 43분이 걸렸죠. 그런데 시간이 흐를수록 점점 자전거 도로를 달리고 싶다는 생각이 줄어들었어요. 전속력으로 달릴 생각을 할 때마다 고통스러운 생각이 들었던 겁니다. 그래서 하루는 이렇게 생각했죠. '너무 빨리 달리지 말고, 그렇다고 아주 느리게는 아니더라도 그냥 좀 느긋하게 달려보자'

그날 똑같은 도로를 달리는 동안 몸을 똑바로 세우고 평소보다 주위를 더 많이 둘러보았습니다. 바다 쪽을 바라보니 돌고래들이 점프하는 모습이 보였죠.

…

어쨌든 중요한 건 아주 멋진 시간을 보냈다는 겁니다. 정말 순수하게 즐거운 시간이었습니다. 얼굴이 벌겋게 달아오르지도 않았고 숨을 씩씩 몰아쉬지도 않았죠.

…

눈치채셨나요? 시뻘겋게 달아오른 얼굴과 숨 막히는 고통과 스트레스는 제 삶에서 겨우 2분의 시간을 줄여 주었을 뿐입니

다. 극한의 노력이라고 생각했지만 결국 별것 아닌 헛된 노력
이었죠."

한강에는 강을 따라 멋진 자전거 도로가 있다. 복잡한 도심을 벗어나 강바람을 맞으며 유유히 달리는 라이딩은 낭만적이기까지 했다. 그런데 언제부터인지 이곳에 들어서면 힘차게 달려야 하는 레이싱 모드가 되는 거였다. 처음에는 뒤에서 "먼저 갑니다"를 외치는 추월자들에 밀려서였다. 그래도 그 정도는 점잖은 경우였다. 언젠가는 호루라기를 불어대며 질주하는 사람들에 기겁하며 놀라기도 했었다. 그래서인지 이후로는 한동안 등 떠밀려 열심히 페달링 해야 하는 타발적 레이서가 되어버렸다. 지금은 물론 그런 것을 전혀 신경 쓰지 않는다. 한쪽 옆으로 흔쾌히 비켜 서주며 도시의 불빛과 어우러지는 야경을 유유자적 즐기는 느긋한 라이딩 애호가가 된 것이다.

모도의 길을 따라 한만하게 달린다.
불현듯 마주한 풍경에 페달링을 멈추어 선다. 암석 해안에 위태롭게 서 있는 자그마한 소나무가 눈을 꽉 채워온다. 사실 바닷가의 소나무 하면 떠오르는 이미지는 대체로 이와 유사하다. 구부러진 몸. 온전하지 않은 가지. 풍상을 건뎌온 모습이 적나라하게 드러나는 흔적들을 간직하고 있는 것이다.
겨울에는 실내가 건조하므로 인위적으로 수분을 공급할 필요가 있다. 이에, 여러 가지 기기들이 판매되고 있다. 이들 중에서도, 자연

가습기로 강력히 추천되는 것이 있다. 바로 솔방울 가습기. 하여, 튼실한 솔방울을 찾아 헤매던 때가 있었다. 울진, 삼척 지역에는 금강송이라 불리는 소나무가 있다. 화재로 유실된 남대문을 재건하면서 다시금 유명해진 나무다.

뉴스를 보다가 '바로 이거야!'라는 확신에 찬 기대를 품게 되었고, 먼 길을 달려갔다. 눈앞에 금강송을 마주하고는 찬사가 튀어나왔다. 건강한 황톳빛 피부에 굵고, 곧게 하늘 향해 쭉 뻗은 그 자태는 그간의 소나무에 대한 이미지를 대번에 바꾸어 놓았다. 그러면 이런 대단한 소나무의 솔방울은 얼마나 튼실할 것인가? 그러나 기대는 금방 산산이 무너졌다. 누군가 그랬던가. 본인이 부실할수록 후대를 남길 번식을 위해 목을 맨다고. 할 수 없이 씨알 굵은 솔방울을 구하러 다른 곳으로 발길을 돌려야 했다.

계급이 엄격히 구분되어 있던 봉건적 사회는 "신분의 고하를 떠나, 남자를 마초macho로 만든다. 아니, 어쩌면 자신이 여자를 하찮게 여긴다는 것을 뻐기는 동시에 자신의 성적 능력을 표나게 드러내는 마초는 남자의 자율권이나 주체성을 지배 계급에 몰수당한 하층 남성들에게서 더욱 두드러지는 특성인지도 모른다." 그 당시 칠레 상황을 설명하던 장정일의 글이 떠오른다.[44] 그리고 이러한 모습을 적나라하게 드러낸 영화가 있다. 2018년 개봉한 알폰소 쿠아론 감독의 로마Roma이다. 1970년대 정치적으로 불안정한 멕시코를 배경으로 이어진다. 그 수도에 위치한 로마 지역에 거주하고 있는 중산층 가정에서 도우미로 일하는 클레오의 일상을 통해 격변의 시대상을 리얼하게 그려낸 영화이다. 그녀와 접점을 가졌던 남자, 흑백의 강한 영상으로 뿌려진 그 이중적 모습이 솔방울과 대비되어 지워지지 않고 뇌리에 남았다.

모도에 대한 지도를 살펴보니 특이한 이름의 해변이 있다. 배미꾸미 해변. 해변의 생김새가 배 밑구멍처럼 생겼다 하여 붙여진 이름이라고 한다. 배 밑구멍. 얼마나 생소한 명칭이란 말인가. 이곳에는 개인이 운영하는 이름만큼이나 독특한 조각공원이 있다. 방문 당시에는 19금 조각품들이 다수였으나, 현재는 어떨는지….

유럽에는 겨울 시즌에 산길처럼 포장이 되지 않아 진흙이 튀는 도로를 달리는 사이클로-크로스Cyclo-Cross라는 독특한 경기가 열리고 인기도 높다. 그 추운 겨울에 온몸에 차가운 진흙을 뒤집어쓰며 달리는 라이딩이라니, 이상한 사람들이다. 아니면 너무 건강한 사람들이든지. 여기에 사용되는 자전거는 일반 로드 자전거와는 다르다. 고속 질주를 위해 최대한 단순화, 경량화된 자전거로는 악조건의 도로를 달릴 수 없기 때문이다. CX 혹은 그레이블 이라 불리는 자전거는 전천후의 다목적인 셈이다. 그런데 이러한 특성이 역으로 발목을 잡는 것 같다. 산악에서는 MTB에 밀리고, 도로에서는 로드에 밀려서 인기가 별로 없다는 것이다. 그래도 사용해본 결과로는 한강처럼 포장이 잘된 자전거 도로에서는 로드바이크에 비할 바가 아니지만, 종주 자전거길이나 이곳과 같은 불특정 도로에서는 훨씬 편하게 느껴졌다. 양자의 장점과 심리적 안정감도 주면서.

열심히 페달링을 하여 중간에 위치하고 있는 시도로 복귀한다. 시도의 볼거리는 활처럼 휘어 있는 수기해변이며, 오솔길을 따라 산자락을 오르면 예전 TV 드라마였다는 '슬픈 연가' 세트장이 지금까지도 남아있다. 이곳에서는 강화도 마니산 봉우리가 눈앞에 보이고, 저 멀리에는 일몰의 장관으로 유명한 장화리 해변이 펼쳐져 있다.

라이딩에는 많은 에너지가 소비된다. 그래서 주기적으로 영양 공급을 해주어야 한다. 주변 풍광에 도취하여 넋을 놓고 가다 보면 자신도 모르는 사이에 번-아웃 되고 만다. 자그마한 가방에 이런저런 주전부리들이 담겨있는 이유다. 오늘처럼, 딸내미가 챙겨주는 마들렌이 실려 오는 때도 있다. 이름도 우아한 이 과자 빵은 집어들 때마다 늘, 생긴 모양만큼이나 기분 좋게 해준다. 사실 빵이라고 하기에도, 과자라고 하기에도 애매하여 과자 빵이라 불러 버리고 만다. 모양은 영락없이 조개를 닮았다. 한 면은 물결치는 가리비 모양이다. 그리고 그 반대 면은 볼록하게 배가 도드라져 있다. 마치 조개의 속살 덩어리처럼.

라이딩을 하다가 전망이 좋은 나무 곁에 서서 시원한 바람에 온몸을 내어 맡긴다. 그리고 기대에 부풀어 가방에서 마들렌 하나를 꺼내어 한입 베어 무니 상큼한 레몬 향이 온몸 구석구석으로 퍼져간다. 자칫 느끼할 수 있는 버터의 풍미를 상쇄해 주면서.

조개처럼 생겼지만, 그와는 전혀 연관성이 없는 맛의 과자빵. 그럼에도 마들렌은 조개 모양이어야 하는 것이다. 다른 특별한 이유가 아니라 산티아고 순례자의 배낭에 매달린 가리비처럼 상징성에 익숙해져 버렸기 때문이다.

출발지였던 신도로 돌아온다. 해변을 따라 부는 바닷바람에 흠뻑 물들다 보면 제법 넓은 저수지에 홀로 서 있는 정자가 반긴다. 부지런한 라이딩으로 축축해진 헬멧을 벗고 나무 의자에 앉아 꼬리에 꼬리를 물고 이착륙하는 여객기들을 물끄러미 바라본다. 각자의 사연을 가지고 들고 나는 우리나라에서 가장 분주한 공항 곁에서 산들바람을 맞으며 대조적인 모습을 느긋하게 관망하는 것이다.

이제, 세 개의 섬을 일주하는 모든 여정을 마치며 은은한 잔향을 담는다.

모라 림파니를 소환하다

신도, 시도, 모도 바닷가의 풍광을 바라보면서 떠오르는 앨범이 있었
다. 이 재킷 사진이 강렬하게 남은 듯하다. 모라 림파니^{Moura Lympany}
와 함께. 아마도 그녀가 많은 시련의 파도에도 굴하지 않고, 오히려
이를 통해 아름답게 빛나는 보석으로 탄생할 수 있음을 몸소 보여주
었다는 느낌, 그 상관성 때문일 것이다.

라흐마니노프.

얼마나 많은 피아노 전공자들을 좌절하게 만든다고 하는 피아니
스트인가. 그가 작곡한 곡을 아무런 부담감 없이 들을 수 있는 이들
이 오히려 행복하리라. 이 음반의 연주자인 림파니는 영국 출생의 피
아니스트로 1916년 태어나 2005년 89세에 세상을 떠났다. 출생 시의

원래 이름은 Mary Gertrude Johnstone이었다.

13살의 어린 나이였던 1929년, 지휘자 바실 카메론^{Basil Cameron}과 멘델스존의 피아노협주곡으로 데뷔를 하였다. 당시 카메론의 추천으로 이름을 Moura Lympany로 변경하여 지금에 이르고 있다. Lympany는 어머니의 이름인 Limpenny에서 따왔으나, 모라^{Moura}라는 이름에는 애틋한 사연이 있는 것처럼 회자되기도 한다.

어린 나이에 데뷔 무대에 설 수 있었다는 것은 환경적 뒷받침만으로는 불가능하고, 그만큼 탁월한 재능이 있었음을 의미할 것이다. 그리고 '대가', '거장'이라는 칭호를 받는 사람은 천부적 재능보다는 부단한 노력이 뒷받침되어야 함을 알기에 존경을 받는 것이리라. 어릴 때부터 신동으로 유명한 러시아의 피아니스트 예프게니 키신^{Evgeny Igorevich Kissin}이 자신의 나태함을 경계하며 인용한 문구가 있다.[8] 미국의 피아니스트 반 클라이번^{Van Cliburn}을 빗대어 쓴 다비트 라비노비치의 글로, 연주자의 마음가짐에 대해 시사하는 바가 크다.

> "이 피아니스트는 벌써 오래전부터 자신을 갈고닦기를 그만두었다. 10년이 흐르는 동안 그의 레퍼토리는 변함이 없었다.… 최근 연주된 것들은 모두 그가 차이콥스키 콩쿠르 우승 한참 전에 익힌 작품들이다. 이런데 어떻게… 모든 연주자들에게 필수적인 끊임없는 영적 갱신에 관해 이야기할 수 있겠는가? 재능은 모닥불 같아서 제때 장작을 더하지 않으면 꺼져버리고 만다.

진정한 예술가는 30세에도 50세에도 70세에도 젊은 시절 성
공의 이자에 기대어 사는 금리 생활자가 되어서는 안 된다."

놀라운 표현이다. 신동이요, 천재라 불린 수많은 이들이 너무도 쉽
게 지극히 평범한 사람으로 잊혀져 가는 것을, 수시로 보기 때문이다.
진지한 표정으로 키신에게 들려주었다는 말이 생각난다.[8]

"당신들 피아니스트들은 정말 복 받은 거예요, 끊임없이 익히
고 익힐 그토록 많은 천재적인 음악을 가지고 있으니 말이에
요."

재능과 더불어 꾸준한 성실함이 생활화되어야 한다는 의미일 것이
다. 얼마나 가혹한 현실이란 말인가. 세계적인 첼리스트였던 파블로
카잘스Pablo Casals의 일화도 떠오른다.[20, 48]

그가 동료들과 샌프란시스코의 타말파이어스 산에서 등산할 때
일이다. 굴러오는 돌에 왼손을 다치는 바람에 그동안 진행하던 공연
을 중단하게 되었는데, 그가 이 상황에서 다친 손가락을 보며, "감사
합니다. 다시는 첼로를 켜지 않아도 되는군요"라고 중얼거렸다고 한
다. 그가 평소에 느끼던 연습과 공연의 중압감에 대한 표현이었을 것
이다.

어찌 이들에게만 해당되는 일이겠는가. 오늘도 묵묵히 한 걸음씩
나아가는 것. 우리네 모두가 해나가고 있는, 바로 그것.

림파니는 21세의 나이였던 1938년에 이자이 콩쿠르Ysaye Piano Competition(1951년 '퀸 엘리자베스 콩쿠르'로 개칭)에 참가하여, 78명 중에서 최연소임에도 당당히 2위에 입상하였다.

이 대회 1위 수상자는 에밀 길렐스Emill Gilels였으며, 3위에는 야코프 플리에르Yakov Flier이었고, 콩쿠르와는 지독히도 인연이 없던 미켈란젤리Arturo Benedetti Michelangeli가 7위를 수상했다. 다행히 미켈란젤리는 다음 해인 1939년 제네바 국제 콩쿠르에서 우승하여 무관의 한을 털어내었다. 아무튼 이 결과만 보더라도 림파니의 실력을 가늠해 볼 수 있겠다.

'모라'라는 이름과 관련하여 소설과 같은 이야기도 있다.

이 이름에 깃든 사연의 주인공은 림파니와 함께 이자이 콩쿠르에 참가했던 야코프 플리에르이다. 대회의 중압감 속에서, 감수성 예민한 나이에 싹튼 플리에르에 대한 연모의 마음을 가슴속에만 묻어둔 채 떠나야 했고, 이후 애틋한 마음을 담아 본인의 이름을 러시아식으로 바꾸었다는 스토리인 것이다. 소설 속 주인공인 플리에르는 이 대회 2년 전 열린 빈 콩쿠르에서 에밀 길렐스를 제치고 1위를 차지할 정도의 실력자였지만, 이후 후진 양성에 몰두했기에 그의 음반을 접할 기회가 많지 않았고, 대중에게는 더욱더 알려지지 않았다. 독특한 해석으로 연주된 차이콥스키 교향곡 6번 음반으로 세간의 이목을 집중시키는 등 지휘자로 맹활약하는 미하일 플레트네프Mikhail Plaetnev를 비롯하여, 벨라 다비도비치Bella Davidovich 등과 같은 걸출한 후예들을 길러내었다.

림파니는 1940년 24세의 나이에 아람 하차투리안Aram Khachaturian
의 협주곡을 러시아를 제외한 유럽지역에서 초연할 기회가 있었고,
그 당시 엄청난 센세이션을 불러일으키면서 이름이 널리 알려지게 되
었다고 한다. 원래 이 곡은 당시 영국은 물론 유럽, 러시아에서도 명
성을 크게 얻고 있던 클리포드 커즌Clifford Curzon에게 의뢰를 했던 것
이었으나 그가 일정이 너무 바빠 거절하여 초연 기회를 얻게 된 것이
라 하니, 인생의 흐름은 예기치 못한 축복으로 풍성해지는가 보다. 이
런 결과로 거대한 손의 대명사 라흐마니노프의 프렐류드 전곡을 최
초로 녹음하는 기회를 얻게 되었고, 당시 생존해 있던 그로부터 호평
을 받았다고 한다. 1948년 미국 무대에 데뷔한 이후로 영국과 미국을
중심으로 활발한 활동을 이어갔다.

림파니의 개인사는 이혼, 유산, 유방암 수술과 투병 등 그리 순탄
하지는 않았으나 말년에 이르기까지 건반을 떠나지 않았다. 아마도
떠날 수 없었다는 것이 더 적절할 것이다. 시련과 고난 속에서도 무려
68년을 콘서트 피아니스트로 활동할 수 있었다는 것은 그만큼 삶에
대한 소망과 열정이 가득했기에 가능했을 것이다. 지속적인 활동에
대한 공로로 여러 나라에서 훈장을 받았으며, 특히 영국으로부터 여
성 작위인 'Dame' 칭호를 수여 받아 Dame Moura Lympany라 표
기한다.

언제부터였는지는 정확히 기억나지 않는다. 많지 않은 LP 보유량에 비하면 제법 림파니의 음반을 소장하고 있음에 놀랐다. 의도적인 컬렉션이 아니었음에도 불구하고. 아마도 인지하지 못했던 끌림이 있었나 보다.

사실 LP는 애증의 음악 매체이다. 음원을 소유하는 이유는 듣고 싶을 때 즉각적으로 반응하기 위해서다. 그런데 CD의 반도 안 되는 두께에 쓰인 제목을 읽어내어 캐비닛에서 LP를 선별해 듣는 것은 솔직히, 점차 고역에 가까워지고 있다. 특히 옆면에 표기되지 않은, 커플링 되어 있는 곡을 찾아내는 것은 보물찾기에 비견된다. 만약 보유 음반이 많았다면 소프트웨어적으로 데이터베이스를 구축해서 쉽게 도달할 방법을 강구했을 것이다. 그러나 '겨우 이 정도 규모에'라는 생각에 기억력과의 전쟁을 치르게 되는 것이다. 불현듯 듣고 싶은 음악, 그들을 이 자리에 모시기 위해서 고투를 감내하며.

비닐계 재질로 된 원형 판 표면에 음원을 조각하여 ^{cutting & pressing} 기록하고 이를 가느다란 금속 바늘로 접촉해서 그 요철을 읽어내는 재생 메커니즘은 그리 매력적이지도, 정교해 보이지도 않는다. 나노를 넘어 피코 시대를 향해가는 현재의 첨단 기술에 비추어볼 때 태생적으로 기술적 한계가 명확한 구시대적 시스템에 목메어있음이 의아스럽기까지 한 것이다. 사실 음악적 정보량이 갈급한 것이라면 대안은 이미 충분히 존재한다. 그리고 혹자는 LP의 허용 음질 재생 한계수를 200회라고 말하기도 한다. 마르고 닳도록 들었다는 표현이 딱 맞듯이 들을 때마다 바늘과의 마찰로 음 골에 물리적 마멸이 발생하기 때문에 일정 횟수가 지나면 폐기 대상이 되어버리는 것을 의미한다. 그래서 과거 방송국이나 카페에서 쓰던 중고 LP는 극구 사양하는 기피 대상이 되는 이유다.

스크래치가 생기지 않도록 관리하는 것도 여간 신경이 쓰이는 일이 아니다. 아차 하는 단 한 번의 실수로 생긴 생채기는 들을 때마다 두고두고 자신을 책망하게 한다. 더 나아가 가격도 싸지 않다. 그리고 가장 큰 고민은 자리를 많이 차지한다는 것이다. 한정된 물리적 공간을 나누어 쓰기 위해서 들여오는 것만큼 나눔이 필요하다. 방심했다가는 순식간에 미로가 생긴다.

이런저런 불편함이 한둘이 아닌 데도 LP로 음악을 듣는 이유가 무엇이냐고 물으면, 그저 '재미'라고 답한다. 그러면 미심쩍어하며 재차 묻는다. 특별한 뭔가를 숨기고 있는 게 아니냐는 눈치다. 그리하면 잠시 뜸을 들인 후 대답한다. 그저 '분망한 즐김'이라고. 사실 아무리 곰곰이 생각해 보아도 더 이상 근사한 이유를 들어내기가 궁색하다. 요즘처럼 음원이 다양한 시대에 재생 방식에 따른 음질의 우열만을 따져 음악을 듣는 것도 미욱한 일 아닐까. 개인의 취향과 사정에 따라 그저 즐김의 방식이 다를 뿐. 지극히 사적인 취미인 음악을 들음, 그 여정에 동참하여 그때마다 즐거움이 가득할 수 있다면 그것만으로도 얼마나 고마운 일이겠는가.

LP로 음악을 재생하는 과정에는 분주한 여유로움이 필요하다. 단계마다 구석구석 세밀한 손길이 닿아야 함을 의미한다. 디스크를 꺼내서 물기를 뺀 극세사 타월로 표면의 먼지를 닦아 준다. 플래터에 디스크를 놓고 스테빌라이저를 그 위에 올린다. 전원 스위치를 올려서 디스크를 회전시키고 회전 속도를 확인/조정한다. 이제 톤암의 고정을 풀고 원하는 트랙에 카트리지의 바늘을 위치시켜 접촉시킨다. 재생되는 소리를 들으며 게인을 조정한다. 여기서 끝이 아니다. 한 면의 재생이 끝나면 회전을 정지시키고 디스크를 뒤집어 놓고 이 과정을 반복한다.

　음악 감상을 주로 LP로 하는 사람은 이보다 더한 수고도 마다하지 않을 것이다. 카트리지, 승압트랜스, 포노프리 앰프 등 복잡한 식솔들을 거느리며 아날로그 시스템을 사용하는 것은 이처럼 음악의 재생 및 조정 과정에 적극적으로 참여해 그 드라마틱한 변화를 만끽하는 것을 전제로 할 것이다. 이것을 즐거워할 수 없다면 이보다 큰 고역도 없기 때문이다. 특히나 기계치라 자부하는 사람에게는 거의 고문 수준일 것이다. 그리고 어찌 한결같이 그럴 수 있으랴. 그래서 시간과 마음이 여유로울 때만 선뜻 LP로 다가가는 것이다.

　신도, 시도 그리고 모도로 이어지는 자전거 여정을 마무리하고, 문득 다가온 림파니의 연주를 찾아 하나씩 잔향을 이어간다. 그리고 가슴 깊이 감사함으로 채운다.

너른 속살을 완연히 드러낸 것도 잠시, 키를 몇 배나 훌쩍 뛰어넘는 높이로 다가오는 만조와 함께 신비로운 세계, 그 속으로 다시금 서서히 자취를 감추어 간다.

03

쉬이 알리고 싶지 않은 곳 • 비천 그리고 달방마을

푸르른 바다를 뒤로하고 동해에서 출발하여 정선을 향해 42번 국도를 탄다. 굽이굽이 이어지는 험한 길을 오르다 보면, 만나는 고개가 있다. 그 이름이 백복령이다. 과거에는 얼마나 더 험준한 길이 이어졌을까? 그동안, 길을 평탄화하고 급커브를 완만하게 다듬으며 많은 개선의 노력이 이어졌을 것이다. 그럼에도 근원적인 구불거림은 어쩔 수 없는 게다.

　　그래서인지 이곳에는 식상한, 정형화된 휴게소 건물이 없다. 대신에 자그마한 간이음식점들 몇이 옹기종기 모여 있다. 간판 이름 외에 숫자가 적혀있고 번호도 함께 불린다. 그 옛날 봇짐 지고 험한 산길을 넘나들던 여정에 국밥 한 그릇, 탁주 한 사발로 심신의 피곤함을 풀어주던 '주막'을 연상시키는, 구수함이 떠오른다. 그래서일까 먼 곳에 와있다는 것이 더 실감 난다. 이곳에서 눈에 들어오는 주위 경관을 헤아려보니, 여기는 빠르게 다가오는 겨울과 더디게 찾아오는 봄을 만나는 곳이로구나 하는 생각이 든다.

한눈에 들어오는 단출한 상차림 목록에 올라있는 감자전, 도토리묵 등이 정겹게 다가온다. 이곳 분위기에 특히 잘 어울리는 메뉴들이다. 여느 표준화된 모습의 휴게소에서는 볼 수 없는, 손이 많이 가는 음식들이다. 감자전을 주문하면, 그제야 껍질을 깎고, 강판에 갈아, 노릇하게 구워낸다. '슬로우 푸드.' 쉽게 만나볼 수 없는 고급스러움의 대명사까지 되지 않았던가. 그래서 그 감동을 누리려 아무도 채근하지 않는 느긋함이 좋다. 이곳에 다다르기 위한 그동안의 수고에 대한 충분한 보상이다. 그리고 다시 시작할 수 있는 충전인 셈이다.

가끔 이곳을 자전거로 오르는 철인들이 있다고 한다. 험한 오르막길에서 터질 것 같은 허벅지의 팽창과 심장의 포효를 즐기는 이들이리라. 그런데 백두대간을 자전거로 오르는 호기는 이곳만큼은 피해가기를! 천연기념물 제440호로 지정된 카르스트 지대라는 말이 의미하듯, 시멘트의 주원료가 산재하는 곳이다. 이곳에서 채굴된 석회석은 공장으로 운송된다. 제품 가공과 완제품 수송을 위해서는 항만과 철도가 필요할 것이다. 그래서 이곳처럼 험준한 지역에는 시멘트 공장이 없다. 공장은 운송 인프라가 잘 갖추어진 지역에 세워진 까닭이다. 하여, 그곳까지 원재료를 운송하는 방법이 필요하다. 42번 국도에서 덤프트럭을 빈번히 만나게 되는 이유다. 왕복 2차선의 가파른 커브 길에서, 석회석을 가득 실어 20톤이 넘는 육중한 덤프트럭과의 조우는, 엄습하는 위화감으로 결코 유쾌한 느낌이 아니다. 하물며 자전거 안장 위에서야.

정선에서 동해를 향해 42번 국도를 따라간다. 구불구불 만만치 않은 커브가, 가파른 내리막으로 계속해서 이어지며, 산악 구간의 도로 특성을 실감 나게 한다. 경사진 노면을 지나며 자꾸만 발에 힘이 들어간다. 길을 따라 요동치는 몸을 지탱해내느라 근육들이 팽팽하게 긴장하고 있다. 누가 말하지 않아도 충분히 속도를 늦춘다. 간간이 먼발치로 보이는 동해의 전경도 훔쳐보기 위해서다. 이제 가슴속에는 들뜸이 모락모락 피어난다. 광활하게 펼쳐진 푸른 바다, 번잡한 도심에서 애타게 그리던 모습을 향해 다가가고 있는 것이다.

그렇게 한참 동안 굽이진 길을 좌우로 흔들리며 내려오다 보면, 우측으로 펼쳐진 호수를 만나게 된다. 수풀이 우거진 험한 산길을 운전한 직후여서일까? 하천이 아니라 호수라는 형태로 모여 있는 물의 존재가 놀랍고 반갑기까지 하다. 안정감이 밀려온다.

그리곤 궁금해졌다. 어떤 모습들이 숨죽여 기다리고 있을지….

이렇게 시작되었다. 다소 충동적이지만, 호수의 모습을 잠깐 보고 가자고 했던 일탈이 생각지도 못했던 여정을 이끌어낸 것이다. 주변을 검색해 보고는, 가벼운 마음으로, 자전거를 세팅해서 수월하게 주위 경치를 둘러보자고 시작한 거였다. 덕분에, 뜻밖의 감동적 시간을 선물로 받게 되었다.

달방마을

길에 들어서는 입구가 다소 번잡하지만, 그도 잠시 금방 주차장이 나타난다. 산길 운전으로 경직되었던 마음과 근육을 풀어준다. 그리고 동행해온 자전거를 꺼내어 라이딩 준비를 한다. 굳어진 몸을 이리저리 움직이며 가볍게 스트레칭을 해 준다. 자 이제 출발이다. 페달을 힘차게 밟아본다.

03 쉬이 알리고 싶지 않은 곳 • 비천 그리고 달방마을

평범하게 시작한 노정이건만, 나타나는 길이 예사롭지 않아 보인다. 갑작스럽게 가파른 언덕을 오르게 되었다. 얼마쯤 진행했을까, 제법 가쁜 숨을 몰아쉴 때쯤 눈앞에 비경이 펼쳐진다. 근육의 모든 경직이 순식간에 사라졌다. 전혀 예상하지 못했던 모습이 눈앞에 펼쳐지고 있는 것이다.

이 풍경을 보면서 문득 생각난 사람이 있었다. 아니 그보다는 그가 산책하던 길에서 바라본 정경이라고 했던 장면이 떠올랐다는 표현이 더 정확할 듯하다.

1919년, 에밀 싱클레어라는 필명으로 발표한 작품이 센세이션을 불러일으켰다. 이후, 그의 작품으로 밝혀지며 유명세를 겪는 자전적 소설 같은 스토리의 주인공. 그가 바로 독일 출신의 작가이면서 정작 모국에서는 정치적인 이유로 철저히 외면당하고, 광기의 시대를 거슬러야 했던 헤르만 헤세Herman Hesse이다.

전쟁의 광풍이 지나간 이후, 1946년 '유리알 유희'라는 작품으로 노벨문학상을 받게 되었다. 그 이후 모국에서 괴테 문학상을 비롯한 몇 가지 상을 받으며, 작가로 복원된 그였다. 13세에 작가가 되고자 하는 열망을 품고 습작을 시작하여, 독학으로 22세에 첫 시집을 낸 이후로 85세 죽음을 맞이하기 일주일 전까지도 작품을 집필하며 전 세계 많은 이들에게 감동과 고뇌를 주었던 헤세.

스위스

이탈리아

루가노
Lugano

몬타뇰라
Montagnola

베르가모
Bergamo

밀라노
Milano

　바로 그가 숨을 거두기 전까지 43년간 살던 곳이 호수와 어우러진, 스위스 변방 몬타뇰라^{Montagnola} 지역이다. 스위스 남부에 위치한 루가노에서 차량으로 15분 정도의 거리에 있다. 그보다는 이탈리아 밀라노 북부에 위치해 있다고 하는 게 더 머릿속에 잘 그려질 듯하다.

　이 지역은 지도에서 보면 이탈리아 전체 모습을 축소해 놓은 것처럼 생김새가 비슷하다. 스위스의 국경선이 이탈리아 쪽으로 툭 불거져 내려와 있어서다. 그중 몬타뇰라는 '냉정과 열정 사이'^{Between Calm And Passion}로 친숙한 피렌체^{Firenze} 정도의 위치일 듯싶다. 재미있는 형상이다. 이곳에 1919년 이주하여 1962년 죽음을 맞이할 때까지, 호수를 바라보면서 글을 쓰고, 그림을 그리며 긴 세월을 보냈다. 지금도 많은 이들이 헤세의 흔적을 찾아 세계 도처에서 이곳으로 모여들고 있다.

조금 더 오르기로 한다.

저수지를 바라보며 다시 페달을 밟는다.

깊이를 가늠할 수 없을 정도로 물의 색이 짙다.

포장된 길을 따라 계속해서 오른다.

길 좌측으로는 가파른 절벽이다.

경사면에는 보호 철망이 둘려 있다.

잠시 망설여 본다.

낙석.

확률은 사실 눈가림이다.

내가 보고자 하는 쪽으로 합리화하는 툴인 셈.

계속 길을 올라가 보기로 한다.

경사지에 노출된 암벽에는 틈틈이 나무도 자라고 있다.

지금껏 견뎌내 살아남은 그 나무의 뿌리를 생각해 본다.

얼마나 깊고, 넓게 뻗어가야 했을지를.

구불구불 이어진 길을 따라 오름을 반복한다.

입에서는 단내가 난다.

그래도 우측에 있는 저수지가 든든히 응원해주고 있다.

국제사이클연맹인 UCI Union Cycliste Internationale 에서 개최하는 남자 로드 사이클 대회에는 3대 그랜드 투어가 있다. 프랑스, 이탈리아, 스페인에서 각각 열리는 대회로, 21개의 스테이지로 구성되며, 3주에 걸쳐 치러진다. 투르 드 프랑스Tour de France, 지로 디탈리아Giro d'Italia 그리고 부엘타 아 에스파냐Vuelta a Espana로 이름 붙여진 그랜드 투어 대회는, 각각 스테이지당 200km가 넘는 주행거리로 구성되거나, 경사가 가파른 험준한 산악 지역을 포함하도록 코스가 조합된다. 이런 가혹한 코스를 3주에 걸쳐 끊김 없이 완주해야 하므로 철인들의 경기라 할 수 있다. 극한을 달리는 이들 경기에는, 광적인 모습으로 응원하는 팬들이 많으며, 그들의 열정은 상상을 초월할 정도이다. 매년 경기가 열리는 곳마다 새로운 신화가 쓰이곤 한다. 그리고 놀라운 인간 승리의 스토리에 감동과 찬사가 이어진다.

영국에서 개최된 올림픽을 포함해서, 다수의 금메달을 수상하던 사이클 선수인 브래들리 위긴스Bradley Wiggins는, 2012년 영국인으로는 최초로 투르 드 프랑스에서 우승하는 기염을 토했다. 이에 자극받은 영국의 사이클 동호회는, 폭발적인 반응과 이어지는 신규 회원 급증으로 즐거운 비명을 질렀으며, 길거리에는 저지라 불리는 사이클 운동복을 입은 사람들 물결이 넘쳐나게 되었다. 에어로빅 운동복을- 피트니스도 요가도 아닌 이 용어만이 가장 잘 어울림-연상시키는 몸에 짝 달라붙는 옷은 사람들의 눈길을 끌기 쉬웠고, 특히 배 나온 중년 남성들의 실루엣은 'MAMIL'이라는 신조어를 탄생시켰다.

Middle-aged Man in Lycra의 줄임말로 올챙이배와 타이트한 저지를 점잖게(?) 풍자하는 말인 것이다. 처음에는 어색하지만 라이딩을 거듭할수록 익숙하고, 엉덩이에는 1인분의 지방 덩어리까지 추가해서 푹신하고 편하기까지 하다는 바로 그 저지. 그렇게 따지면 몸매 좋은 사람들만 멋진 옷을 입을 수 있느냐고 강변할 수도 있을 법하다. 그러면 멋진 몸매란 도대체 무어냐고 반문해 본다.

로버트 디킨슨이라는 미국 산부인과 의사는, 젊은 성인 여성 15,000명의 신체 치수 자료를 토대로 산출해 낸 평균값이 여성의 전형적인 체격, 즉 여성의 정상 체격을 판단하는 유용한 지침이라고 믿었다. 이를 근거로 아브람 벨스키라는 조각가와 함께 '노르마'라는 이름의 여성 조각상을 만들어 내었다. 이는 여러 분야에 영향을 주어 노르마가 마치 이상적 신체 구조의 여성상인 것처럼 호도되었다. 토드 로즈Todd Rose의 '평균의 종말'이라는 책에 소개된 내용이다.[53]

1950년 미국 공군에서는 조종석 설계를 위해 4,063명의 조종사를 대상으로 140가지 항목의 신체 치수를 측정하여 항목별 평균치를 산출하였다. 길버트 대니얼스 중위는 키를 포함하여 10개 항목을 선정하고 이의 평균값과 전체 조종사를 일일이 대조하는 작업을 하였다. 평균값의 ±30%라는 관대한 허용 범위를 가지고, 이 밴드에 부합하는 조종사를 찾았으나 단 1명도 해당되지 않음을 밝혀냈다. 이 내용을 보면 노르마는 물론이고, 평균으로 대표되는 모델에 근접하는 인간은 희박하며 어쩌면 존재하지도 않을 수 있음을 확인시켜 준다.

노르마의 예를 다시 생각해 보면, 노르마를 이상적으로 보는 한 청·장년층의 모든 여성은 이에 전혀 부합되지 못하는 비정상적인 사람이 되는 것이다. 그래서 이런 기준으로 접근된 가구, 의복, 생활용품 등 모든 일상용품 앞에서는 마치 프로크루스테스의 침대에 누워 몸을 늘이고 줄이고 해야 하는 공포를 느끼게 되는 것이다. 어쩌면 노르마는 이상이 아니라 현실 불가능한 맞춤을 강요하는 괴물일지도 모른다고 하면 너무 과한 표현일까.

여성이든 남성이든 건강상의 이상이 없다면 개인의 개별성이 인정되어야 하고, 제 다양성의 존중이 필요한 것이라고 하면 MAMIL이나 살이 한 줌 접히는 중년 여성인 MAWIL의 모습에 좀 더 관대한 시선으로 응대하게 될까.

얼마를 올랐을까, 저수지가 끝나는가 싶을 때 민가들이 반긴다. 달방마을이다. 정겨운 이름에 입안에서 몇 번을 되뇌어 본다. 담장 없는 집들이 몇 채 소담스럽게 자리 잡고 있는 것이다. 평온함이 가슴속 깊이 밀려온다. 그래 여기까지 올라오길 잘했다. 자신을 스스로 다독인다. 나의 존재가 미안할 정도로 조용한 마을에서 잠시 바람을 느껴본다. 그리고 다시 생각해 본다.

헤세는 평온하지 않았던 삶을 어떻게 견뎌 헤쳐나갈 수 있었을까?

순탄치 못했던 성장기.

고학으로 등단.

고국인 독일의 세계대전 유발과 반전 소신으로 인한 고초.

타국인 스위스로의 정착.

정신병과 중병을 앓는 부인과 아들.

본인도 정신과 치료.

어떤 방법으로 감내해 나갔을까?

문득 이곳 달방마을에서 그 단초를 발견하였다. 자연과의 교감 속
에서 느리고 시간이 많이 들어가는 일 깊숙이 머무는 것, 즉, 평생에
걸쳐 그림을 그리고 정원을 가꾸는 일에 몰두했다는 사실에 공감했
다. 계절과 날씨의 변화와 동행하며 산란하는 햇빛 그 반사됨과 그늘
짐을 품어내고, 커다란 틀에서부터 세세한 것들의 존재까지, 한 발 떨
어져 관찰하는 것과 그 세계에 적극적으로 개입하는 것까지, 이 모든
것을 포괄하여 자연과 함께 호흡하며 같이 흘러가도록 자신을 내어
맡기는 삶을 이어갔음에 공명한 것이다.

몬타뇰라에서의 단조로운 생활은 그가 감당해야 했던 그 무거운
짐들에서, 오히려 그를 한결 건강하게 회복되도록 도움을 주었을 것
이라 느껴졌다. 이곳에서 다시금 그의 모습을 되짚어 본다. 호젓한 자
연을 바라보고, 천천히 페달을 밟아, 온몸을 스쳐 가는 바람을 느끼
며 그 치유의 과정을 배워 보는 것이다.

어찌 루가노 호수와 비교하랴마는 그래도 마음속 깊이 잠자고 있

던 버킷 리스트를 흔들어 깨운 고마움을 전한다. 그리고 1962년 헤세가 운명하기 일주일 전, 노구를 이끌고 마지막으로 쓴 것으로 알려진 시를 담아본다.

꺾어진 가지 Broken branch

꺾어져 부스러진 나뭇가지,
이미 여러 해 동안 그대로 매달린 채
메말라 바람에 불려 삐걱거린다.
잎도 없이, 껍질도 없이
벌거숭이로 빛이 바랜 채
너무 긴 생명과 너무 긴 죽음에 지쳐 버렸네
딱딱하고 끈질기게 울리는 그 노랫소리,
반항스레 들린다.
마음속 깊이 두려움에 울려 온다.
아직 한여름을, 아직 또 한겨울 동안을…

비천을 담아내다

이제 달려온 길을 천천히 되돌아간다. 그리고 정확히 반대편을 향해 간다.

비천.

멋진 지명이다. 이름에 이끌려 미지의 그곳을 향해 페달을 밟아간다. 도로는 아스팔트로 포장이 잘 되어있고, 아기자기하다. 시원한 바람이 목젖을 간지럽힌다. 무궁동無窮動을 이어가며 익숙해지는 풍경에 무료해질 즈음 우측으로 무언가 나타난다. 자그마한 학교 건물처럼 보였다. 엄밀히 말하자면, 폐교인 셈이다. 출생하는 신생아 비율이 급격하게 떨어지면서 발생하는 인구감소는, 이러한 시골 마을에 직격탄을 퍼붓는다. 학령인구의 절대 부족으로, 오붓하게 운영되던 학교들이 폐쇄되어 가는 것이다. 그런데 안으로 발을 들이는 순간, 이러한 암울한 생각을 한순간에 날려주었다.

노란색, 파란색이 강렬하게 차온다. 범상치 않은 컬러의 조합이 어우러진 건물로 발을 디딘다. 눈길 닿는 곳마다 섬세한 손길, 그 소담한 흔적들이 쌓여 커다란 오브제를 능가하는 즐거움을 준다. 누군가 이 폐교 건물에 게스트하우스를 만든 것이다. 나중에 알고 보니 염색과 자수를 하는 예술가가 사장님이었다. 아도니스 블루나 블루 사파이어는 확실히 아니고 이집티안 블루에 가깝다고 느껴지는, 그래도 말로 표현해낼 수 없는 그 색감이 너무 오묘했다. 쪽 염에 수놓아진 자작나무. 단 한 번도 보지 못하였고 상상해 본 적도 없는 그들 색의 대비. 너무도 아름다운 작품이었다. 어떻게 이런 조합을 생각해 내었을까? 자칭 블루 홀릭인 나에게 이 작품은 너무도 강렬하게 남게 된 것이다.

일반적으로 쪽 풀 식물을 사용하여 실이나 옷감에 천연 염색하는 것을 쪽 염이라고 한다. 쪽 풀은 푸른 색소를 함유하는 식물로 50여 종이 넘는데 다양한 국가와 지역에서 광범위하게 재배되며, 한국이 주산지인 요람蓼藍이라는 일년초 식물도 있다. 쪽 염은 첨가제와 염색 횟수에 따라 녹색에서부터 청자의 푸른빛까지 색의 깊이와 종류를 다양하게 만들어 낼 수 있다고 한다.

쪽 염 작품을 배경으로 한 땀 한 땀 수놓아 만들어지는 자작나무 모습은, 흐르는 계절의 시간을 조심스럽게 모아 성장하는 나무의 모습과 닮았다는 생각이 들었다. 어쩌면 너무도 고된 작업이리라. 한 올 한 올 실로 만들어 가는 나무. 완성된 후, 그 작품을 마주하는 예술가를 상상해 본다. 단순히 성취감이라는 표현은 뭔가 그 수고를 격하시키는 느낌이 든다. 아무나 쉽게 할 수 있는 일이 아닌 듯함에, 경이로움 가득 바라보았다.

다른 한쪽으로 들어서니 진한 커피 향이 공간을 빈틈없이 메우고, 다양한 원두가 담긴 병들이 정승처럼 도열해 있다. 눈의 호사다. 일상화된 커피 주문 루틴에서 벗어남이 반가웠다. 그동안 수동성에 익숙해져 생각하지 않던 것을 꺼내어 나누어 본다. 커피의 여러 맛 중에서 산미라고 표현하는 신맛. 선호하지 않는 것. 그래서 굳이 그것을 장황하게 설명하고, 듣는 과정의 번거로움을 겪어 본다. 결국 커피 사장님이 자신 있게 권하는 것은 인도네시아 만델링이었다. 누군가는 스모키하다고 표현하는 쓴맛이 상대적으로 강하고, 대신에 뒷맛은 달다? 맛의 호사다.

사실 커피의 맛을 음미하고 즐기기는커녕 늘 알쏭달쏭 퀴즈를 푸는 기분이다. 마시는 세월만큼 깨달음이 있어야 하건만. 도무지 알지 못하겠다. 커피의 진정한 맛이라는 것을. 이런 무지한 문외한이 그나마 가끔 큰맘 먹고 즐기는 커피가 있다면 아포카토. 사실 커피라고 하기보다는 그 베리에이션인 셈이다. 그나마 캡슐 커피머신이라는 것이 있으니 다행이지, 그렇지 않다면 엄두도 못 낼 일이다. 단것과 쓴 것의 극적인 대비. 차가움과 뜨거움. 흑과 백. 모두 극과 극의 즐김이다. 그리고 무엇보다도 혀끝의 환상적인 감촉을 빠뜨릴 수 없다.

공간 한편에는 떡하니 난로가 자리 잡고 있다. 시커먼 철제 난로다. 제법 크기도 하고 각지어 있는 모습이 다부져 보이기까지 하다. 다가오는 겨울에는…. 이제 빗장이 풀려 상상의 나래를 펼쳐낸다. 장작이 타오르며 불꽃에 튀는 소리, 습기를 머금었던 나무에서 피어나는 연기의 그을린 냄새, 숯검정처럼 까맣게 물든 손으로 군고구마를 해체하고 살뜰하게 먹는 소리, 물론 좋아하는 감자도 넣어야 한다…. 꼬리를 물고 끝없이 이어지는 예상치 못했던 아름다운 그림 조각들의 홍수. 이곳을 떠올리면 무척이나 그리워질 따뜻함을 품고서 밖으로 나왔다.

그 옛날 어린아이들이 뛰어놀았을 운동장, 그 재잘거림의 터에는 테이블과 의자가 줄 서 있다. 고사리손으로 처음 교정에 들어서던 앳된 모습과 어느덧 시간이 흘러 제법 꺼먼 솜털 수염으로 나서던 뒷모

습을 간직하고 있을 정문. 그 양옆으로는 오래된 은행나무가 하늘 높이 뻗어 있다. 가늠하기 어려운 세월의 표시다. 때마침 노랗게 물든 단풍이 눈 속에 가득 차온다. 노란 은행잎 카펫. 등교하는 아이들이 밟고 들어서는 순간 온몸도 노랗게 변했을 것 같다. 이런 느낌들이 가슴속 무언가를 흔들어 깨웠다. 영사기의 필름이 거꾸로 돌아가기 시작한 것. 시골에서의 생활 경험이 전무하면서도, 이곳에서 동화의 세계로 저절로 들어선다.

'비천을 담다.'
아름다운 이름이다. 그리고 자그마하지만 이름만큼 감성 충만함을 담아내고 있는 곳이다.

'Say, when will you return?'이라는 곡을 듣는다. 바르바라 Barbara의 작품을 알렉상드로 타로Alexandre Tharaud가 피아노와 첼로 버전으로 편곡했다. 힌디 자흐라Hindi Zahra의 보컬이 감미롭다. 모로코의 가수인 그녀의 음색은 샹송의 흐느적거림으로 살갑다. 여배우이기도 해서 그럴까? 일부를 나레이션으로 소화한다. 간주로 이어지는 프랑수아 살퀘François Salque의 첼로 연주가 멜로디를 다시 한번 감싸며 지나간다. 바르바라의 원곡도 좋지만, 첼로와 어우러진 타로의 곡이 더 호소력 있게 다가온다. 이 곡은 샹송 가수 바르바라의 사후 20주기를 추모하며 헌정한 음반에 수록된 곡이다. 타로의 헌사가 애절하다.

아르헨티나, 부에노스아이레스, 테아트로 콜론,

"열광적인 청중들을 향해 무대로 나간다. 그런데 기억의 공백
이 엄습해 온다. 그래도 피아노를 향해 다가간다. 바흐와 라벨
로 꾸며진 익숙한 프로그램. 다행히 기억의 결여는 없었다. 그
러나 기억의 공백에 대한 두려움은 몇 년 전부터 나의 내장을
비틀고 있었다. 이날 저녁을 마지막 콘서트로 삼겠다고 결심
했다. 나는 울면서 호텔로 돌아왔다."

피아니스트인 알렉상드로 타로의 고백이다.[42]

 늘 궁금했었다. 그 많은 분량의 악보를 어떻게 외워서 암보로 연
주할 수 있는 것일까? 많은 연습의 결과로 자연히 습득되어 쌓이는
것일까? 천하의 여제로 군림한 마르타 아르헤리치조차도 극심한 무
대 공포증을 토로했었는데, 극도의 긴장감으로 인하여 머릿속이 갑
자기 진공상태가 되는 경우는 없을까? 수없이 머릿속으로 되뇌던 짧
은 인사말조차 자리에서 일어서는 순간 하얗게 백지화되는 경험을
해보지 않았던가. 그런데 이런 궁금증을 타로가 실증해서 보여주는
것이었다.
 그의 결심이 바뀌어 부에노스아이레스의 연주는 기억력으로 연주
하는 마지막 콘서트가 되었다. 이제는 당당히 악보를 펼쳐 놓고 연주
한다. 그리고 그는 이렇게 말한다.

"악보의 존재는 상상할 수 있는 것 이상을 내게 가져다주었다. 이제 작곡자가 무대 위에 구체적인 자리를 차지하고, 나는 그의 사공이 되어 연주한다."

이제야 그는 자유로움을 맛보고 있는 듯하다. 기억의 결여에 대한 공포에서 벗어나 오롯이 연주에만 몰입하면서.

그런데 악보를 보며 연주하는 데에는 몇 가지 제약이 따를 것이다. 가장 큰 어려움은 바로 악보를 넘겨야 한다는 것이다. 연주 중에 본인이 할 수 없으니 누군가 이 역할을 대신해 주어야 한다. 이 사람을 '페이지 터너'라고 한다. 타로가 표현하는 이 사람의 요건은
  '전문적인 능력과 극도의 집중력, 소멸에 가까운 조심성'
  '페이지 터너는 없는 사람 같아야 한다'
라고 말한다.

페이지 터너라는 단어를 보며 불쑥 떠오른 사람. 일본인. 만일 이 분야 콩쿠르가 있다면 늘 그랑프리를 수상할 거라는 확신이 들 정도로 생각이 멈추었다. 세계 곳곳에서 연주하며 다양한 사람들을 만났을 텐데, 타로도 이렇게 말한다.
  '최고의 페이지 터너는 일본인이다.'
  그랬다. 이렇게나 생각이 일치하다니 놀랍다.

우연한 일탈로 시작된 여정.
감사하게 마무리를 하며,
다시금,
비천을 담아낸다.

노란 은행잎이 바람에 날린다.
바르바라가 속삭인다.
Dis, quand reviendras tu ?
봄에 돌아와 파리의 정경을 함께 보자고 했던 그에게
그녀가 묻는다.
언제 돌아오냐고?

이미 가을이 되어버린 파리에서 다시 묻는다.
나를 잊지 않았느냐고?

04

대청호 500리길 한 자락 그리고 금강 젖줄

몇 번을 되뇌어 보았다. 그 횟수가 늘어갈수록 생각은 더 공고해지는 거였다. 아무래도 이 이름은 배에 더 잘 어울리는 것이 아닐까. 꽃게를 가득 싣고 만선의 기쁨을 나누며 얼굴에 함박웃음 만개하여 소래포구를 찾아드는 모습으로. 어쩌면 대청도가 고향인 친우 때문일지도 모르겠다. 그래도 한편으로는 미안해졌다. 아름답고 거대한 호수에게.

대청호로 향하다

대청호는 대청댐에 의해 만들어진 인공 호수를 말한다. 대청댐은 대전광역시 대덕구 미호동에 있으며, 금강 상류에 위치하고 있어 대청

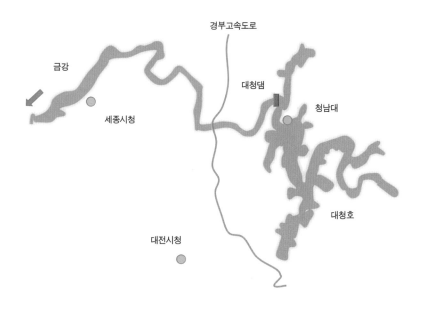

호와 금강을 구분하는 역할도 한다. 대청댐은 1975년에 준공하여 1980년 완공한 다목적 댐이다. 문자 그대로 여러 가지 역할을 기대한 다는 뜻이겠다. 금강 하류의 홍수를 조절하는 기본 기능 외에 담수를 시의적절하게 배분하는 용수 공급도 중요한 기능이다. 용수라 함은 생활용수, 산업용수, 농업용수 등이 해당될 것이며, 이의 수혜 지역은 세종, 대전, 공주, 부여, 청주, 군산, 익산, 전주 등 주요 도시를 포함하 여 충청권과 호남권을 아우른다. 더불어 전력 생산도 빼놓을 수 없는 역할이 되겠다.

　대청댐은 중력식 콘크리트 댐 구조와 사력식 댐 구조로 구성된 복 합형 댐이다. 사력식은 영어로 rock fill type이라고 한다. 표현 그대 로 암석을 주재료로 만든 것이다. 물이 새어 나가는 것을 막는 점토층을 양측에 두고 여러 겹의 암석층들이 지지하도록 구성하여 만들어진 댐 구조로 이를 병행하면 일반 콘크리트 구조의 댐보다 건설비용이 절감되는 장점이 있다. 대청댐은 길이 495m, 높이 72m에 이르는 우리나라에서 3번째로 큰 규모의 댐이라고 한다. 연간 발전 규모는 240 기가와트의 전력을 생산할 수 있으며, 댐에 의해 유지될 수 있는 총저수량도 15억 톤에 이른다.

대청댐을 위에서 바라본다. 마치 거울처럼 맑은 수면에는 주변 산세가 그대로 배어 나온다. 댐에 진입하는 산악도로에서 부분적으로 보이는 대청호는 그저 평범한 호수로 느껴질 정도로 그 실체를 가늠하기 어려웠다. 그리고 이어지는 도로의 잔잔한 물 높이에서 바라보는 모습에는 댐과 병치 되어 멀리 보이는 아파트가 이질적인 조합으로 독특하게 어울려 있었다. 댐이라는 단어는 도시라는 말을 품어 낼수 없을 것 같고, 더욱이 아파트라는 명칭은 도저히 융화될 수 없는 호칭인 이유다. 물론 이것도 편견 그 자체이긴 하다.

일리노이 대학교에는 이름만 들어도 기분 좋아지는 '풍경과 인간 건강 연구소Landscape and Human Health Lab'가 있다. 녹지와 인간 폭력성의 관계 등 자연과 사람 간의 상관성을 연구한다고 한다. 그만큼 자연으로부터 소외되어 발생하는 문제가 많다는 것을 의미할 것이다. 자연 속으로 푹 잠길 때에야 비로소 오롯이 자유함을 느끼는 것은 인간의 본성이 아닐까? 어쩌면 대청호 전경을 만끽하는 아파트 거주자들은 누구보다 건강한 삶을 살고 있을지도 모른다는 생각에 오히려 부러움이 몰려왔다.

대청댐에서 시작하여 다시 댐으로 복귀하는, 호수 주변을 일주하도록 광활하게 이어지는 둘레길이 있다. 이것을 '대청호 오백 리길' 이라 하고 총 21구간으로 구성된다. 이 둘레길의 길이가 도합 500리에 달한다는 의미다. 즉, 도보로 200km 정도 이어지는 대단한 길인 셈이다. 한국에서 3번째로 큰 호수라는 것이 실감이 가는 대목이다.

대청호는 강원도 화천의 파로호처럼 하나의 커다란 타원형 물줄기로 호수가 자리 잡고 있는 것이 아니다. 마치 굵은 나무뿌리가 용트림하듯이 이리저리 광범위하게 분포한다고 표현해야 적절하다. 대청호 둘레를 돌며 호수 전체를 감상한다는 것이 복잡해지는 대목이다. 21개의 구간으로 나눈 이유가 여기에 있는 듯하다. 그래서 욕심을 버리고 그중 한 줄기를 보기로 했다.

관동묘려라 칭하는 곳을 시작점으로 삼아 냉천로를 따라 대청호를 바라보며 달려보려 한다. 대청호 오백 리길 3구간에 해당한다. 관동묘려는 예전에는 산의 8부 능선에 있었다고 한다. 그렇다면 산 정상의 80%에 달하는 높이라는 의미인데 지금 눈앞에 펼쳐진 광경이 경이롭기까지 했다. 댐이 건설된 이후에는 수면을 지척에서 바라보게 되다니, 깊이조차 가늠치 못할 정도로 많은 지역이 수몰되어 마치 평지에 있는 듯한 이 느낌을 그들이 상상이나 할 수 있었을까.

냉천로라 이름 붙여진 길을 따라 계속해서 숲 사이로 페달링을 이어간다. 출발할 때 보았던 호수의 물결은 사라진 지 오래며 그저 내륙의 길을 따라 묵묵히 가고 있는 것이다. 기대하던 호수의 모습은 다시는 나타나지 않는다. 그런데 가다 보니 '전망이 기막힌 곳'이라는 푯말이 눈에 띄는 것이다. 그저 전망이 좋은 곳도 아니고 기가 막힌 곳이라고 한다. 이런 표현을 쓸 수 있는 그들의 자신감이 궁금하였다. 당연히 가봐야 할 듯했다. 표기된 거리를 보니 0.8 킬로미터, 겨우 800m라는 말이 아닌가. 쉽게 생각했다. 20분이면 되겠지 라는 오만한 생각까지 하였다. 그렇게 아무 생각 없이 시작되었다.

길이 점차 경사를 가진다고 느낄 때는 이미 늦었다. 아뿔싸! 정말로 가파른 길을 오르고 있는 것이다. 자전거는 이미 하차한 지 오래다. 걷기도 힘든데 자전거까지 끌고 오르는 극기 훈련 모양새다. "거의 등산코스나 진배없네!"라는 말이 절로 나온다. 실측 경사도가 얼마일까 궁금해진다. 숨소리가 점차 거칠어지고 맥박이 빨라지며 시야가 흐려지고 있다. 길은 좁게 계속해서 이어지는데, 다행히 포장은 빨래판이라 불리는 형태로 잘 되어있다. 정상에 거의 도착한 것 같다고 느낄 때쯤 놀랐다. 자동차 한 대가 겨우 지나갈 수 있는 도로로 이어진 이곳에 주차장이 있는 것이다. 교행이 불가능한 도로에서의 자동차끼리 조우. 누가, 어디로 양보해야 할까 하는 헛헛한 생각까지 든다. 그리고 언제였는지 기억도 나지 않는 운전면허 시험 문제에 이런 문항이 있었음이 떠올라 스스로 놀랐다. 아마도 직면하고 싶지 않은 민감한 상황으로 각인되어 있었나 보다.

이제 마지막으로 정상에 오르는 길에는 잔디와 어우러진 까만색 돌판이 경사를 이룬다. 클릿이 달린 신발을 신고 오르려니 고역이다. 빗방울까지 떨어지는 이런 날씨에 미끄러짐까지 신경 쓰며 오르자니 고생이 이만저만이 아니다. 드디어 정상에 오르니 벤치가 몇 개 보인다. 슥하고 물을 털어내고는 자리에 앉는다. 이곳은 고요 그 자체이다. 그리고 그동안의 격한 노고를 치하하듯 멋진 전망이 펼쳐짐에 눈 녹듯이 모든 것이 용서되었다. 거울처럼 맑은 수면 위로 유려하게 이

어지는 한 폭의 수묵화를 보고 있는 것이다.

　'아름다움은 민주적인 것이어서 만인에게 평등하게 주어진다'라고 하던가. 찬란하게 비추는 햇살 아래에서의 모습도 좋았겠지만, 빗방울이 간간이 떨어지는 흐린 날씨－흑백의 조화 덕분에 독특하고 심도 깊은 풍경을 만끽한다. 바로 이곳 정상에서 아무런 거리낌 없이 자신을 온전히 개방하여 자연이 선사하는 아름다운 평정을 마음껏 누리고 있는 것이다.

이제 자전거에 올라 가파른 내리막길을 음미하며 천천히 내려간다. 앞, 뒤를 적절히 조절한다고는 하지만 급기야 브레이크가 굉음을 내기 시작한다. 그래도 내려간다는 것은 좋다. 최소한 자력이 필요 없는 여유로움 때문이다. 다행히 디스크 타입의 브레이크라는 사실에 안도한다. 자전거용 ABS는 효용성이 떨어질까? 보다 컴팩트한 구조로 적용할 수 있다면 수요가 창출되지 않을까? 이런저런 생각이 떠오른다. 내리막길의 느긋함인 것이다.

푯말이 우뚝 서 있던 곳에 이르러, 냉천로를 따라 다시 달린다. 호젓한 숲길이 이어진다. 다시금 호수가 시야에서 사라져버려 수면에 비친 풍경화의 모습을 찾아볼 수 없음이 아수룹다. 한참을 달려왔다 싶을 때쯤 저 멀리 정자 하나가 눈에 들어온다. 이런 곳에 위치하고 있음에 나름 설레는 기대감을 가지고 다가가 본다. 샘찬정. 그 뜻이 의아하지만 빗방울이 굵어지고 있어 무심히 올라 전경을 바라본다. 드디어 잃어버렸던 호수가 눈에 들어온다. 그런데 섭섭하게도 주변의

나무들에 가려 시야가 좋지 못하다. 지나온 '전망이 기막힌 곳'의 진면목을 이제야 실감하게 되는 순간이다. 그랬구나! 그들 자신감의 근원은 도처에서 확인해 볼 수 있었다. 정자 푯말을 다시 보니 찬샘정이다. 지극히 자연스러운 명칭이 맞는 거였다.

그동안 흩뿌리던 빗방울이 더 굵어지고 있어 아무래도 이곳을 반환점으로 삼아야 할 듯하다. 우중 라이딩은 가능한 피하는 것이 좋다. 미끄러운 노면의 위험성은 물론이고 체력 소모도 무척이나 크다. 그리고 가장 절박한 문제는 고글을 통한 시야 확보이다. 이제 다시 원점을 향하여 복귀의 여정에 오른다. 오늘처럼 차량으로 목적지에 직접 운전하여 오는 경우에는 베이스캠프로 되돌아가야 하므로 자전거 주행 거리는 항상 2배가 된다. 궂은 날씨 때문인지 페달을 밟는 발에 자꾸 힘이 들어간다.

장비를 정리하고 간단히 옷을 갈아입은 후 축 늘어진 몸으로 집으로의 복귀 길에 오른다. 몸이 천근만근이 되어 곤고함이 몰려왔다. 그동안 약간의 허기를 견디어 왔는데 뱃속에서는 이제 세차게 고동 소리가 울려 퍼진다. 식사가 가능하려면 시가지 쪽으로 한참을 가야 할 텐데 난감하다. 차 안을 둘러보아도 준비한 급식 모두 바닥이 난 상태라 참고 가는 수밖에. 그런데 뜻밖의 장소에 레스토랑이 눈에 띈다. 무척이나 근사해 보이기까지 한다. 시내까지 나가야 식사가 가능할 줄 알았는데 천만다행이다. 그리고 서울로의 장거리 운전도 부담스러웠는데 겸사겸사 휴식을 취할 겸 좋은 곳을 발견한 것이다.

메뉴는 단 한 가지. 브라질리안 바비큐. 안내하시는 분에게서 까닭 모를 자신감이 배어난다. 다소 비싼 가격이지만 지금은 선택의 여지가 없다. 생존을 위한 보급이 우선인 것이다. 그만큼 애절한 심정으로 놓인 커트러리의 행과 열, 각까지 정렬하며 임한다. 소시지와 치킨으로 스타트. 하염없이 길다고 느껴지는 인터벌과 안내의 기다림에 비해서 여러 가지 고기들이 감질나게 등장한다. 그래도 눅눅하던 위장 속에 반짝이는 햇살을 먹는 기분이었다. 벌써 끝인가 싶을 때 다행히 전복죽이 있어 염치 불고하고 두 그릇을 비우고 나니 이제야 눈에 들어오는 비경. 오래된 소나무와 어우러져 잘 가꾸어진 푸른 잔디의 정원 너머 은빛 호수가 차 온다. 드디어 자신감 배후의 베일이 벗겨지는 것이다. 뷰가 너무 좋은 곳이었고 주로 단체 예약을 받는 2층은 더 멋졌다. 그래서일까 둘러보니 대부분이 데이트하는 손님들이다. 그동안 라이딩에서 먹던 메뉴는 주로 국밥류, 국수류, 햄버거 등 이었는데 처음으로 럭셔리한 곳에서 식사하게 되었다. 얼마나 감사하고 다행스러운 일인지. 이제야 구석구석 살아나고 있는 것이다.

금강 젖줄을 달리다

다시금 어렵게 일정을 잡아 금강 젖줄을 따라 자전거길을 달려본다.

대청댐은 대전과 청주에서의 거리가 16km로 동일하다고 한다. 의도한 것인지, 우연인지는 몰라도 참으로 절묘한 위치이다. 대청댐에서 시작한 금강의 유로 연장은 401㎞라고 한다. 다소 생소한 용어인 유로 연장에 대해서 정리하면, 물이 모여서 흐르는 물길을 유로라고한다. 이 중 작은 물길을 제외하고 유의미한 물길을 하천이라고 하면, 하천 시작점으로부터 바다와 만나게 되는 출구까지의 본류 하천 길이를 유로 연장river length이라고 말한다. 이는 굵은 강줄기만을 보는 일반적인 시각보다 포괄적인 의미로 쓰이는 듯하다.

금강은 세종, 공주, 부여, 강경, 군산 등 우리에게 익숙한 도시들과 만남과 헤어짐을 반복하며 서해로 흘러든다. 그리고 이 강줄기를 따라 아름다운 자전거길이 조성되어 있다. 대청댐에서 시작하는 금강 자전거길은 금강 하굿둑에서 마무리된다. 감탄이 절로 나오는 아름다운 풍경이 줄 서서 이어지는 파노라마를 만끽할 수 있는데, 전체 길이는 150㎞ 정도 된다. 마치 거울처럼 명징한 수면에는 다채로운 풍경화가 끝도 없이 그려진다. 자전거길을 따라가다 보면 그 비경에 왜 '금강'이라 불리는지 쉬이 수긍하게 될 것이다.

금강 자전거길을 가다 보면 여러 개의 보를 만나게 된다. 잊을만하면 다시금 논란의 중심에 서는 존재로서. 대청댐에서 시작하면 세종보, 공주보 그리고 백제보를 차례로 만나게 되는데 보의 유, 무용론은 철저히 현장 중심이어야 하며, 정치꾼들의 소모적 논쟁이 아니라 체계적인 모니터링을 통해 과학적으로 판단할 수 있는 시스템과 절차가 필요할 것이다.

건강한 논의는 얼마든지 하되 의도적 선동은 단호히 거부되며, 다양한 함의를 체계적으로 포용해 내는 지혜로움이 필요하리라. 이런 생각들이 머리에서 주욱하고 쏟아져 흘러간다. 그만큼 피로도가 큰 이슈이리라. 어느 시대를 막론하고 당대의 정치에 만족하는 만인이 있으랴마는 현명한 우리 자녀들은 보다 성숙한 모습으로 이루어 내기를 기대해 본다.

금강 자전거길은 다른 곳에 비해서 평이한 편이다. 그만큼 난이도가 낮아 누구에게나 접근이 용이하다는 것이 두드러진 장점이다. 이 자전거길의 테마는 백제다. 장거리를 자전거로 가는 길은 늘 조바심을 내게 되어 사실 세세한 백제의 숨결을 느낄 여유는 없다. 가야 할 정해진 거리를 주어진 시간으로 커버해야 하기 때문에 종주를 목표로 하는 경우에는 관심을 가지고 주변을 둘러보기 벅찬 것이 현실이다. 그래서 사진은 늘 인증센터다. 일부러 인증사진을 찍으려고 한 것이라기보다는 스탬프 확인을 위해 선 김에 찍게 되는 것이다. 나중에 보면 허탈한 웃음이 나온다. 이름만 다른 빨간색 전화 부스 앞에서 표정만 어긋난 사진들이 줄 서서 나오는 것이다. 다음에는 멋진 풍경을 찍어 보자고 다짐하건만 마음이 분주하다 보니 가다 보면 또 인증센터다. 쯧쯧 혀를 차며 할 수 없다는 허망한 체념이 흘러나온다.

쇼스타코비치, 증언

대청호에는 유명하다면 유명한 곳이 있다. 역대 대통령의 별장으로 사용되어온 청남대이다. 5공화국 시절인 1983년 준공되어 사용되기 시작하였는데, 내부에는 골프장, 양어장과 같은 부대시설들이 포함되어 50만 평이 넘는다. 대통령이라는 신분상 공공장소에서의 휴가가 어려운 이유로 전용 휴양 시설이 유지되어 왔을 것이다.

그동안은 보안상의 이유로 철저히 비공개되어 왔으나 설립 20여

년만인 2003년 우리네에게 전적으로 개방되어 그 모습이 알려지게 되었다.

대통령 별장은 네 군데 정도 있었으나 김영삼 대통령 이후 청남대만 남겨지게 되었다고 한다. 강원도 화진포에는 이승만 대통령의 별장이 있다. 그리고 그곳에는 온갖 만행과 탄압의 극악한 독재자요 구중궁궐에서 호의호식했던 김일성의 별장도 있다.

1950년 6월 25일 새벽. 김일성이 장악한 북한 공산군은 남북 군사분계선이었던 38선을 넘어 기습적인 불법 남침을 감행하였다. 이로써 한반도에서 같은 민족끼리 상잔의 전쟁을 치르게 된 것이다. 3년여의 전쟁으로 국토는 초토화되었다. 대한민국 정부는 자력으로 국가 수호가 어려웠으나 유엔 가입국들의 참전으로 낙동강까지 밀려갔던 절명의 순간을 모면할 수 있었다.

16개의 참전국에는 필리핀, 콜롬비아, 태국, 남아프리카공화국 그리고 에티오피아가 포함되어 있다. 과연 아프리카 어느 곳에서 내전이 일어났는데 그 나라를 돕기 위해서 참전하라면 동참할 수 있을까? 그들의 목숨을 건 사투에 그 어떠한 잡다한 말의 나열이 필요할까.

이후 압록강까지 밀려난 북한군은 중국 공산당인 중공군 개입의 도움으로 현재의 군사분계선에서 휴전하게 된다. 1953년 7월 27일. 유엔군 사령관과 북한군-중공군인 공산군 사령관 양자 간의 휴전이 판문점에서 조인되었다.

너무도 자명한 내용들을 구태여 정리해 써 보았다.

휴전이 된 지 1년이 지난 1954년. 김일성의 별장이 있던 화진포에 이 대통령은 굳이 별장 시설을 건립하고 자주 갔었다고 한다. 지금도 서울에서 가기에 부담스러울 정도의 지역인 바로 그곳에서 부국강병의 사무친 한을 곱씹지 않았을까.

　88년을 살아오신 어머니는 명절 때면, 가끔 그 시절을 회상하시며 치를 떨곤 하셨다. 거친 피난길과 절박한 생사의 터널을 지나옴이 잊힐 수 없기 때문이리라. 하물며 하루아침에 모든 것을 잃고 천애 고아가 되었던 이들의 외침에 지금 누가 함부로 반공주의자라는 꼬리표를 붙여낼 수 있단 말인가. 다행히도 역사는 간교한 사회주의자들과 무능한 공산주의자들의 말로를 생생히 보여주고 있다. 동해안 자전거길을 가며 이곳을 둘러보면 이런저런 생각들이 정리된다.

　청남대로 떠오르는 대한민국 대통령들의 궤적을 살펴보면 씁쓸하다. 현재에 이르기까지 그 누구도 명예로운 퇴임과 존경을 받지 못함이 서글픈 것이며, 모든 권력은 부패한다는 명제를 각인시켜 주는 듯하다. 현재 살아있는 권력자들의 폭주를 견제할 건강한 시스템이 부재한다면 이러한 역사는 반복되리라. 임기 후의 정죄가 두려운 한 줌 권력자들은 그 끈을 놓치지 않기 위해서 어떤 수단과 방법도 가리지 않을 것이므로 작위적 루틴과 진부한 클리셰에 함몰되지 않고 담대하게 자기 목소리를 내는, 깨어있는 자들이 절실히 요구되는 것이다.[7]

　누군가 그랬다. "일개 개인의 신념과 이해관계로 편승한 그룹과

무지한 대중의 최악의 합작품". 일명 소련Union of Soviet Socialist Republics
을 두고 하는 말이었다. 그 종말을 지근거리에서 지켜본 마이클 돕스
Michael Dobbs는 말한다.[1]

> "소련공산당은 무장 반란으로 정권을 잡은 지 74년 만에 사라
> 졌다. … 공산주의는 어느 한 개인이나 집단에 패배한 것이 아
> 니었다. 결국, 공산주의는 자멸했다."

바로 그 공산당이 권력의 정점에 있던 시절, 극악무도한 독재의 대
명사인 스탈린과 동시대를 살아가며 창작의 기로에 섰던 작곡가, 그
가 겪어낸 삶을 통해 허울 좋은 사회주의 인민 공화국의 허상을 처절
하게 보여주는 책이 있다.

제목은 증언.

솔로몬 볼코프Solomon Volkov가 정리한 쇼스타코비치Dmitrii
Shostakovich에 대한 회고록이다. 이 책을 읽어가다 보면 정신 분열 증세
가 나타날 것 같다. 때론 숨이 막히고, 주먹을 쥐기도 하며 헛웃음을
내뱉게도 된다.[37, 46]

> "그때는 내 작품이 연주되기만 하면 무조건 말썽이 생기는 것
> 같았다. … 누가 알겠는가. 아무도 한마디도 못 했을지도 모르
> 고 내가 영원히 끝장나버렸을지도 모른다. 그때는 상황이 심

각했고 생사가 판가름 나는 순간이었다."

살아남기 위한 고독한 그리고 참혹한 몸부림도 본다.[46]

"나는 스스로가 강하다는 자신감을 더 느끼게 되었고, 위기에
빠져들 때보다 더 강해져서 그곳을 탈출했다. 적대 세력들은
더 이상 예전처럼 막강해 보이지 않았고 친구들이나 아는 사
람들이 수치스럽게 배신하더라도 예전처럼 고통스럽게 느끼
지 않았다. 집단적으로 배신을 당한들 개인적으로는 전혀 상
관이 없었다. 나는 나 자신을 다른 사람들로부터 분리할 수 있
게 되었다. 그 시절에는 그런 태도가 나를 구해주었다."

플로리안 헨켈 폰 도너스마르크Florian Henckel von Donnersmarck 감독
의 영화 '타인의 삶The Lives Of Others'을 보면 촘촘히 짜인 감시의 그물
망 속에서 아슬하게 지탱해가는 질식할 것 같은 삶을 절절히 느낄 수
있다.

처절한 상황 속에서 쇼스타코비치는 음악을 부둥켜안고 이런 독
설도 서슴지 않는다.

"음악은 한 인간을 마음 깊은 곳에서부터 조명해준다. 그것은
인간의 마지막 희망이며 마지막 피난처이기도 하다. 심지어는

반쯤 미쳤고, 짐승이며 백정인 스탈린조차도 음악 속에서 그런 면모를 본능적으로 감지했다. 바로 그런 이유에서 그는 음악을 두려워하고 싫어한 것이다."

그가 작곡한 모든 작품이라고는 할 수 없지만

"내 교향곡은 대부분이 묘비다, 너무 많은 수의 우리 국민들이 죽었고 그들이 어디에 묻혔는지는 알려지지도 않았다. 친척들조차 알지 못한다. 내 친구도 여러 명 그런 일을 당했다."
"지금도 나는 자문한다. 내가 어떻게 살아남았을까?"

이런 고백의 암울한 공산주의 시절에 자존과 생존 사이에서 처절하게 줄타기하며 만든 작품들을 들으면 머릿속이 타들어 간다. 이러한 연유로 그의 곡은 제한된 레퍼토리 외에는 잘 듣지 않는다. 지천에 있는 아름다운 곡들을 듣기에도 시간이 부족하기 때문이다. 그리고 애써 그의 절멸에 대한 몸부림을 재생시켜내고 싶지 않음이다.

그래도 오늘은 이곳에서 그의 현악 4중주 8번을 들어본다.
모든 것을 놓아 버리고 싶어 하는 무력함 그리고 처연함이 느껴진다. 스탈린은 죽었지만, 폭정은 계속되는 상황 속에서 1960년 작곡한 곡이다. 끊임없는 시달림 속에 그는 결국 1961년 공산당에 입당하게 되었다. 그래도 무소불위의 권력이 지어낸 파놉티콘Panopticon에 굴종의 모습으로만 이어간 삶이 아니었음에 안도한다.

작곡가 본인은 이렇게 말하고 있다.

"이 곡을 작곡하니 그것도 '파시즘을 폭로하는 작품'으로 분류되었다. 그런 식으로 한 걸 보면 그들은 귀머거리이거나 장님인 게 틀림없다. 왜냐하면 이 4중주에는 모든 내용이 입문서처럼 단순 명백하게 펼쳐져 있는데도 그걸 알지 못하니 말이다… 이곡은 자전적 4중주곡으로, 러시아 국민이라면 모두 잘 아는 노래 〈감옥의 고통으로 지쳐서〉를 인용하고 있다."

서슬 퍼런 공산주의 폭정하에 이 곡을 작곡하면서 쇼스타코비치는 친구인 이삭 글리크만에게 편지로 전했다. 내가 죽고 나면 나를 추모하는 곡을 아무도 쓰지 않을 것 같아서 내가 나를 위한 작품을 하나 써야겠다고. 광포함 속에 찌든 삶은 1975년 마감되었고, 그의 장례식장에서 바로 이 곡 현악 4중주 8번이 흘렀다.

이어폰에서 흐르던 연주가 끝나자 나도 모르게 긴 한숨이 흘러나왔다.

답답한 가슴에, 이제 모차르트의 곡을 듣는다. K.618

모차르트가 바덴에 방문하게 되었을 때, 그곳 교회의 악장이 자신

의 교회를 위해 방문 기념으로 작곡을 간청하였다고 한다.[17] 그리고
겨우 30분 만에 작곡한 곡이 바로 아베 베룸 코르푸스Ave verum corpus
이다. 이 곡을 들으면 이런 생각이 든다.

'머릿속을 굳이 헤아려 작곡이라는 행위의 결과물을 내는 것이 아
니라 이미 내재되어 있는 것을 온전히 꺼내어 그저 나누어 주는 것,
그것이 모차르트, 바로 그의 소임인 듯하다.'

레기날트 링엔바흐Reginald Ringenbach도 말한다.[56]

"이 곡은 마치 우리를 이 사랑의 세계로 인도하는 것 같습니
다. 용서마저 사라져 버립니다 – 마치 더 이상 필요하지 않은
듯이. 마치 이미 낡아버렸다는 듯이."

자전거 여정을 마무리하며
다시 한번 아베 베룸 코르푸스를 듣는다.

짧은 시간의 연주임에도
음악으로 이어지는 깊은 울림을 통해
이 시대에 절실히 필요한 것이 무엇인지를 생각해 보게 된다.

05

더는 숨지 못하는 곳 · 심곡항

아주 오래전 일이다. 바다에서 가장 가까운 역. 그 호젓함에 이끌려 갔던 곳이 바로 정동진이다. 차가운 하늘 아래 쨍한 공기를 마시며 자그마한 역사와 어우러진 겨울 바다를 만끽했었다. 그리고 서두른 노정에 길을 잘못 들어 산속 도로를 헤매다 겨우 도착한 곳이었다. 그때는 '내비'라고 하는 길 안내자가 없었다. 오로지 지도에 의지해서만 길을 가던 때였고, 그만큼 조수석에서의 역할은 지대했다. 그나마 지도조차 없을 때면 직관에 의해 과감하게 가는 수밖에 없었다. 그렇게 발견한 곳이 심곡항이었다. 구불구불한 산길을 내려가니 눈앞에 자그마한 항구가 수줍게 위치하고 있었다. 가구 수도 얼마 되지 않는 아주 자그마한 포구, 그렇게 인연은 시작된 것이다.

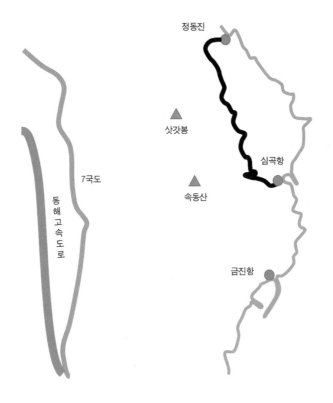

동해안에는 자전거길이 있다. 영덕의 해맞이 공원에서 출발하여
울진의 은어 다리를 종점으로 하는 경북 구간이 있고, 그 길이는 80㎞
에 살짝 못 미친다. 그리고 삼척의 고포마을에서 시작하여 최북단 고
성의 통일 전망대로 이어지는 강원도 구간이 있다. 길이만 240㎞를
상회한다. 2016년 강원 구간이 먼저 개통되었고, 2017년 경북 구간
이 추가로 개통되었다. 북한강 등 4대강을 따라 조성된 자전거길과
는 달리 동해안 자전거길은 자전거 전용 도로는 아니다. 물론 4대강
길도 일부 구간은 일반 도로를 겸용하기도 하지만.

동해안은 지형적, 군사적 이유로 해안 접근에 제약이 많은 곳이다. 그럼에도 자전거로 동해안의 절경을 둘러볼 수 있다는 것은 고마운 일이다. 아쉬움도 많지만 그만큼 감동 가득한, 벅찬 경험을 선사해 준다. 자전거를 타고 일출을 본다는 것, 하얗게 밀려오는 파도 소리를 들으며 드넓은 모래사장으로 이어진 해변을 여유롭게 달리는 것, 얼마나 근사한 일이란 말인가. 부분적으로는 업 다운이 심하여 체력 소모가 크고, 일반 도로를 이용하기 때문에 안전에 각별히 유의해야 하지만, 그럼에도 불구하고 잊을 수 없는 체험의 봇짐을 한가득 채워 준다. 이 자전거 도로를 달리다 보면 동해안에 숨겨진 비경이 얼마나 많은지를 절로 알게 된다. 과장된 '유명지'의 의미가 무의미함을 깨닫게 되는 것이다.

우선, 금진항으로

동해안 자전거 도로 코스 중 옥계비치에서 금진항을 거쳐 심곡항에 이르는 길은 특히, 아름다운 추억을 선사해 주는 특별한 구간 중 하나이다. 이 노정을 여유 있게 즐기기 위해 하루를 투자하기로 하였다. 동해안 고속도로의 옥계 IC에서 빠져나와 금진항을 향해 길을 간다. 노송이 숲을 이뤄 어우러져 있고 포장이 잘되어 있는 길을 따라가다 보면 정면에 바다가 넓게 펼쳐진다. 금진항에서 제법 떨어져 있지만, 모래사장이 펼쳐진 해변이 시작되는 이곳을 베이스캠프로 선정하여

차를 주차하고 자전거를 조립한다.

자전거를 차에 싣고 이동하는 방법을 고민했었다.

몇 차례는 자전거를 트렁크 상단 거치대에 싣기도 했다. 그런데 이 경우에는 차량 번호판이 가려지기 때문에 법적으로 용인되지 않는다. 별도의 차량 번호판을 발급받아 자전거에 부착하여 식별할 수 있도록 해야 한다. 말로 설명하는 것 이상으로 번거로운 일이다. 또 다른 방법으로는 차량 루프 상단에 거치대를 설치하는 것이다. 일반 승용차의 경우에는 좀 더 수월한 편이지만 자전거를 싣고, 내리고 하는 작업도 성가실 뿐 아니라 높이 제한이 있는 곳을 지날 때는 부담이 된다.

그래서 결국 취하게 된 방법은 앞바퀴를 분리해서 뒷좌석에 싣는 것이다. 고속도로를 질주해도 전혀 신경 쓸 일이 없다. 물론 라이딩 후 흙과 먼지로 뽀얗게 화장된 자전거를 싣는 것이 마음에 걸리긴 하다. 다행인 것은 지자체마다 둘레길 조성 사업이 활성화되면서 흙먼지를 털어낼 에어건이 설치되는 부스가 늘고 있다는 점이다. 얼마나 고마운 일인지.

멀리 수평선까지 탁 트인 바다가 손짓하는 주차장에서 출발한다. 길을 따라 우측으로 파도가 하얗게 줄 서서 몰려온다.

이곳에도 서핑하는 사람들이 부쩍 눈에 띈다. 서프보드가 늘어서 있는 해변을 거닐며 그 생경함으로 외국에 와있다는 사실을 절감했었는데, 이제는 국내 도처에서 그 모습을 볼 수 있다니 격세지감이다. 특히, 최근 몇 년 사이에 서핑이 급격히 대중화된 취미로 자리 잡는 것 같다. 걷는 것 외에 무언가를 탄다는 것은 매력적임에 형태를 가리지 않고 끊임없이 갈구하고 있지 않은가. 그중 물 위에서 파도를 타는 것은 보기만 해도 짜릿해 보인다. 서핑에서 가장 중요한 장비는 두말할 것도 없이 보드일 것이다. 나 같은 문외한이 보기에는 다 비슷비슷해 보이는 보드이건만 그곳에 '장비 병'이라 일컬어지는 또 다른 개미지옥이 있을 것으로 생각하니 웃음이 절로 나온다.

자동차 뒤 유리창에 붙인 '두 시간째 직진 중'이라는 초보운전 표시가 생각난다. 자전거를 배울 때도 자의적으로 차선을 바꾸고 방향 전환을 하기까지 얼마나 많은 연습과 담력이 필요했던가. 하물며 판재의 부력으로 몸을 띄우고, 움직이는 파도를 따라 균형을 잡으며 매끄럽게 턴을 한다는 것에 대해서는 글을 한 줄 쓰는 것조차도 숨이 차온다. 그렇기에 거대한 파도 위를 그림처럼 타고 넘으며 파도 터널 속을 따라 유영하는 모습은 놀라움을 넘어 환상적이기까지 한 것이리라. 패들보드라도 타고 싶다는 생각이 슬금슬금 피어난다.

차콜 색상의 원피스 슈트를 입고 키보다도 훨씬 길어 보이는 보드에 올라 황급히 바다 한가운데로 나아가는 커플이 눈에 띈다. 자전거를 세우고 기대에 찬 눈으로 바라본다. 커다란 파도 앞에서 리드하며 현란한 곡예를 이어가는 그들의 파도 타는 묘기를 보고 싶다. 그러나 소소한 파도 때문인지 눈앞에 펼쳐지는 현실은 무척이나 아쉽다.

특별한 판재로 바다에서 커다란 파도를 타는 것, 서프의 사전적 풀이를 보니 너무도 간결하다. If you surf, you ride on big waves in the sea on a special board.

그렇다. 서핑의 선결 요소는 두말할 것도 없이 파도다. 태산처럼 몰아치는 파도의 규모가 그들을 광분하게 하는 서핑 명소의 가늠자인 셈이었다.

Surfing!

그 이름 두 자만으로도 가슴 뛰는 이들이 세계 도처에 얼마나 많을까. 그리고 그 감동과 재미를 느끼기까지 얼마나 많은 좌절의 시간을 감내해야만 했을까. 그래서인지 파란만장한 삶의 스토리로 엮인 서핑을 영상물로 감상할 기회가 제법 된다.

가장 강렬하게 남아있는 영화는 '폭풍 속으로Point Break'다. 감독은 선입관과 편견을 단번에 날려버리는 여류 액션 감독인 캐서린 비글로우Kathryn Ann Bigelow이며, 와전된 기행으로도 유명한 키아누 리브스Keanu Reeves와 패트릭 스웨이지Patrick Swayze 주연으로 1991년 개봉하였다. 특히, 마지막 장면의 거대한 파도는 압권이었다. 그 외에도 자못 많은 영화가 있다.

2002년 선보인 존 스톡웰 감독의 '블루 크러쉬Blue Crush'에는 케이트 보스워스, 미셸 로드리게즈, 매튜 데이비스 등이 출연하였고, 반응이 좋았는지 2011년 마이크 엘리엇이 메가폰을 잡으면서 '블루 크러

쉬2Blue Crush 2'도 제작되었다. '서핑 업Surf's Up'은 2007년 애쉬 브래넌, 크리스 벅 감독의 작품으로 개봉하였다. 2011년에는 숀 맥나마라 감독의 '소울 서퍼Soul Surfer'가 상영되었는데 안나 소피아 롭, 헬렌 헌트, 로레인 니콜슨 등이 출연하였다. 2012년에는 '체이싱 매버릭스Chasing Mavericks'가 커티스 핸슨, 마이클 앱티드 감독의 작품으로 개봉되었다. '드리프트Drift'는 2013년 개봉관에서 볼 수 있었는데, 감독에는 모건 오닐, 벤 노트 그리고 출연진으로는 샘 워싱턴, 자비에르 사무엘, 마일리스 폴라드, 레슬리-앤 브랜트 등이 있다. 여기서 끝이 아니다. 생각보다 많은 영화들이 있음에 놀랐다. 좀 길어지기는 하지만 그래도 계속해서 감독과 출연진을 함께 소개해 본다.

'라이드: 나에게로의 여행Ride'이라는 제목의 영화가 2014년 개봉되었고 감독은 헬렌 헌트, 출연은 루크 윌슨, 브렌트 스웨이츠 등이 하였다. '언더 워터The Shallows'도 인상적이었는데 2016년 상영된 이 영화는 자움 콜렛 세라이 감독, 블레이크 라이블리, 오스카 자에나다 등이 출연하였다. 파도뿐만 아니라 극한의 환경에서 서핑을 다룬 다큐멘터리인 'Under an Arctic Sky(2016)'도 있다. 이 영상을 보면 고개를 절로 흔들게 된다. 다시금 서핑을 익스트림 스포츠로서 확실히 자리매김해 주는 것이다.

역경과 고난을 극복하는 것. 그것은 살아가며 누구나 겪어야 하는 숙명일 것이다. 어찌 순탄한 꽃길만을 걸을 수 있으리오. 그래도 소울 서퍼를 보면서는 내내 마음이 아렸었다.

해변 모래턱에 앉아 토마스 크바스토프Thomas Quasthoff를 생각해 본다. 그리고 그의 음성으로 "나는 충분합니다Ich habe genug" 바흐의 작품 BWV 82를 듣는다.

마음이 답답해지는 일이 생기면 이 곡을 자연스럽게 듣게 된다. 낮게 울리는 베이스 음성은 다시금 나아갈 힘을 북돋아 준다. 그래서인지 디트리히 피셔 디스카우Dietrich Fischer-Dieskau를 비롯해서 헤르만 프라이Hermann Prey, 한스 호터Hans Hotter, 마크 하렐Mack Harrell 등 많은 베이스 성악가들이 이 곡을 녹음했고 모두 훌륭한 연주를 들려준다. 그중에서도 부분적인 신체적 결여에도 불구하고 오히려 축복의 목소리로 부르는 토마스 크바스토프만큼 큰 감동을 주는 이는 찾기 어렵다.

결핍. 누구나 가지고 있으며, 그 누구도 자유로울 수 없는 것. 그럼에도 곡의 제목처럼 의연하게 말할 수 있음을 소망해 본다.

눈앞에 펼쳐진 바다를 지긋이 바라보며 담대한 마음으로 오하이오 출신의 여류 시인이며, 미국인들에게 큰 사랑을 받는 메리 올리버Mary Oliver의 '아침 산책'이라는 시를 떠올렸다.[9, 40]

감사를 뜻하는 말들은 많다.
그저 속삭일 수밖에 없는 말들.

아니면 노래할 수밖에 없는 말들.

딱새는 울음으로 감사를 전한다.

뱀은 뱅글뱅글 돌고

비버는 연못 위에서

꼬리를 친다.

솔숲의 사슴은 발을 구른다.

황금방울새는 눈부시게 빛나며 날아오른다.

사람은, 가끔, 말러의 곡을 흥얼거린다.

아니면 떡갈나무 고목을 끌어안는다.

아니면 예쁜 연필과 노트를 꺼내

감동의 말들,

키스의 말들을 적는다.

어쩌면 감사는 대단한 일에 대한 반응이 아닌 듯하다. 지금 숨 쉴 수 있음, 그 당연한 것들을 다시 둘러보며 느낄 수 있는 것, 바로 그 시작점일 것이리라. 'Life in a day' (2011)를 보고 난 후의 일상에 대한 감동 – 자존에 대한 통찰이라는 거창함 없이도. [27, 29, 51]

이제 엉덩이를 툭툭 털며 일어나 자전거에 오른다. 왕복 2차선의 도로를 달린다.

금진항에 가까워지며 이어지는 길은 예사롭지 않다. 좌측으로는 수직 절벽이 이어지고, 낙석 주의 푯말과 함께 군데군데 수북이 떨어져 있는 돌무더기가 눈에 들어온다. 자신도 모르게 핸들을 자꾸만 우측으로 꺾고 있다.

금진항金津港.

참으로 아름다운 이름이다. 어떻게 가파른 산세에 둘러싸인 이곳을 항구로 만들 생각을 했을까? 여기에 둥지를 틀고 배를 타고 나가 고기를 잡아 아이들 얼굴을 떠올리며 돌아오는 여정이 얼마나 행복했을까. 포구를 둘러보며 그들의 마음을 조금이나마 이해할 수 있었다. 바다는 값없이 내어 준다고 한다. 큰 욕심을 부리지 않으면 가족들과 오순도순 살아감에 기뻤을 것이다. 그리고 그것을 아는 사람들만이 이곳에 가정을 꾸리고 살았으리라.

금진항을 지나며 맞이하는 해안 길은 자꾸만 멈춰 서게 만든다. 도로에 진입해 보면 그 이유를 금방 알 수 있다. 바다와 바로 어깨를 마주 대고 있다. 그래서 바람이 심하고 파도가 높은 날에는 금진항에서 진입하는 도로 입구가 통제된다. 정상적인 통행이 불가능해서이다. 과거에 이 도로에서 파도를 뚫고 질주하는 자동차 광고를 찍었다고 해서 갑작스러운 유명세에 시달리기도 했었다. 방파제 넘어 거세게 몰아쳐 오는 파도에 맞서는 강인한 이미지를 그려내었던 것으로 기억된다.

헌화로라는 이름으로 불리는 도로가 바다 옆에 붙어있다. 그 호칭
에는 나름의 사연과 배경이 있는 듯하다. 지자체마다 도로명에 작위
적인 명칭들을 경쟁적으로 만들어 낸 듯도 하지만 동굴로, 갯벌로에
비하면 오히려 뭔가 근사해 보인다고나 할까.

바다를 굽어 바라본다. 바위와 바다가 이루어내는 색감에 감탄을
자아낸다. 위에서 내려다보아야만 얼마나 아름다운 길인지를 비로소
알게 된다. 마치 바닷속으로 이어지는 길처럼 연출되었다. 저 오묘한
빛깔의 어우러짐은 바로 앞에서는 도저히 느낄 수 없는 것이다.

오디오는 음악을 듣기 위한 도구다. 그 단순한 명제를 넘어서는 순간 마니아라는 별칭이 붙는다. 그 오디오 마니아들의 로망 중에 매킨토시가 있다. 요즘 나오는 모델들은 좀 그렇지만, 구형 모델들에는 음악에 몰입하게 하는 충직함이 있으며, 텍스트와 어우러지는 그린과 블랙의 조화는 매킨토시의 아이덴터티를 보여준다. 물론 그의 트레이드마크는 블루미터이기도 하다. 눈앞에 펼쳐진 바다의 비경을 바라보며 오디오를 생각하고 있다니 괜한 웃음이 나온다.

바다를 곁에 두고 도로를 달린다. 다행히 악천후를 온몸으로 받아 내야 하는 도로는 포장도 매끄럽고, 관리도 잘되고 있는 듯하다. 우측으로 이어지는 바다에는 암석 바위들이 모습을 드러내고 있다. 층층이 겹쳐진 바위가 특이하게도 45도 기울어져 있다. 퇴적, 융기, 지반 변화 등의 지질학적 증거물이겠다. 좌측에는 절벽이 이어진다. 문득 기하학적으로 절묘하게 구부러진 다리를 지나 아틀란틱 로드를 달리고 싶다는 생각이 간절해졌다. 백야가 이어지는 노르웨이 하늘 아래로 날아갈 꿈을 꾸어 보며.

그곳에 비할 바야 아닐지 몰라도 지금은 이곳 나름의 아름다움을 즐기는 것만으로도 감사하고 행복하다. 아쉬운 것은 이제는 너무도 많이 알려져서 빈번한 차량 통행으로 머릿속도 온몸도 혼잡하다는 것이다. 예전의 호젓함이 몹시도 그리워진다. 이 길은 지나는 횟수에 비례해서 짧아진다. 그만큼 지나가 버림이 아쉬운 것이다. 그래서 페달을 아껴서 밟는다. 소스테누토Sostenuto.

새로운 중심, 심곡항

그럼에도 순식간에 심곡항에 이르렀다.

항구는 여전히 자그마하고 평화롭다. 그러나 방파제가 그 옛날에 비하면 거대한 벽으로 둘러져 시야를 압도한다. 그 끝에 자리한 새빨간 등대가 강렬하게 눈에 차온다. 심곡항은 이름 그대로 너무도 외진 곳이었다. 그런데 이제는 심곡이 중심이 되었다. 개인 차량은 물론이고 북적이는 관광버스 행렬이 이어지고 있다. 역설적이다.

심곡항에서 정동진으로 넘어가는 산길이 있다. 심곡에서의 출구로는 유일하다. 이 길의 초기 경사도가 아주 심한 편이다. 그래서 자전거는 일명 '끌바'를 해야 한다. 다행이라고 해야 할지 모르겠지만 정동진 쪽으로 내려가는 길도 경사가 매우 심하다. 그래서 동해안 자전거길을 종주할 때는 어떤 방향을 택하더라도 공평한 길이 되는 것이다. 물론 자전거인으로서의 조야한 시선이다.

자전거를 세워두고 정자에 오른다. 이름은 헌화정이다. 몇 걸음 올랐나 싶을 정도로 나지막한 위치다. 그래도 이 정도로 충분하다. 이곳에서 바라보는 항구의 모습이 정겹다. 빨간색의 등대가 더 강렬하게 다가온다. 오래된 소나무와 어우러진 하늘을 담아본다. 마치 솜사탕들처럼 구름이 피어있다.

평화로움. 그래 이것이 평안함이다.

어디선가 꾀꼬리 소리가 들려온다. 잠시 후 엄마 품에 안겨 고사리 손을 흔들며 이곳에 오른 아이의 재잘거림이 마치 꾀꼬리 지저귐으로 들린 것이다. 아이를 안고 숨을 몰아쉬며 계단을 올라 이곳에 이른 엄마는 아이에게 하나라도 더 보여주고 싶었으리라. 어찌 이뿐이랴. 세상의 모든 것을 다 배울 기회를 주고 싶을 것이다. 일순간 자녀에게서 엿보이는 특별함의 단초라도 발견하는 날이면 아마도 그 가슴에는 뜨거운 불길이 피어나리라.

'누구에게 가르침을 받는가?' 하는 것은 정말로 중요한 일이다. 특히 어린 자녀에게는. 그들의 재능이 피어나게 할 수도, 쉽게 시들어버리게 할 수도 있다는 사실을 주변에서 쉽게 접하곤 한다.

아르헨티나의 유명한 피아노 교습가였던 빈센초 스카라무차 Vincenzo Scaramuzza는 당시 피아노 레슨 열풍을 일으킬 정도로 천재적인 교육자로 알려져 있다. 물론 피교육자들에게는 공포의 대상이었음이 자명하다. 그의 가르침은 피아노의 구조적 이해는 물론이고, 인체의 해부학적 특성까지도 파악하여 레슨의 기반으로 삼았다는 것에 놀랐다. 배우는 사람의 신체적 특징과 기질에 맞추어 몸에 무리가 가지 않는 자세까지도 습득하게 할 수 있었다는 것은 제자들에게는 행운이었을 터이다. 대표적인 수혜자가 바로 마르타 아르헤리치이다. 올리비에 벨라미가 전하는 에피소드는 웃음을 자아낸다. 똑같은 대목을 수십 번 반복해야만 했던 공포의 레슨 이야기다.[15]

"한 번 더"

"너무 힘들어요"

"다시 해봐"

"죽을 것 같아요….'

"그럼, 죽든가!"

피아노를 치기 위한 손을 타고났다고 하는 아르헤리치조차도 완급을 조절할 수 있는 전문적 교육자인 빈센초를 만나지 못했다면, 지금의 피아노 여제로 또한 고령까지도 콘서트 피아니스트로 군림할 수 없었을 것이다. 얼마나 많은 예비 피아니스트들이 글렌 굴드Glenn Gould를 연상시키는 섬세한 터치를 할 수 있음에도 그것을 알아보지 못하는 교육자에게 '마치 타건이 미약한 것으로 매도되며 사라져 가야 했을까?'라고 상정해 보면 너무 비약일까.[6]

어떤 분야든 가르친다는 것에는 책임과 중압감이 따르기 마련이며, 배우는 사람에게도 열망과 성실함이 전제되어야 함은 자명한 일일 것이다. 헌화정에서 만난 그 아이는 엄마의 마음을 헤아려 기쁨을 나눌 수 있는 사람으로 성장해 가기를 소망하였다.

심곡항에서 출발하여 정동진까지 암벽 해안을 따라 둘레길이 조성되었다. 이름은 바다부채길이다. 명칭 그대로, 펼쳐진 바다의 비경을 만끽할 수 있다. 심곡항에서 시작하여 정동진에서 끝을 맺는다. 험준한 해안선을 따라 잔도를 놓은 것이다. 동해안에 오면 우리나라의 현실을 직면하며 가슴 속이 답답함을 느끼곤 했는데, 얼마 전부터 해안가를 둘러싼 철책을 개방하여 이처럼 풍광을 즐길 수 있음에 다행이라 생각된다. 그동안 숨겨져 있던 아름다움이 하나, 둘씩 그 모습을 드러내고 있는 것이다. 혹자는 말한다. 그나마 일반인들에게 격리되어 있었기 때문에 파괴되지 않고 그 모습을 유지할 수 있었던 거라고. 그 말도 수긍할 만하다. 둘레길의 길이는 제법 된다. 거의 3㎞에 육박하는 데다가 도보로 이어지는 오르고 내림이 있는 길은 그리 수월치만은 않다.

자전거와는 잠시 이별을 고한다. 이제 목적지를 향해 계단을 오르면 전망 타워라 불리는 곳이 나온다. 넓게 펼쳐진 바다와 방파제, 등대 그리고 헌화로의 이어짐을 볼 수 있다. 사진의 배경을 자처하는 곳이다. 바다부채길을 따라가면 기암괴석에 부딪혀 부서지는 파도 소리를 원 없이 들을 수 있다. 노정에는 철재와 목재로 만들어진 구간이 혼재한다. 한참을 가다 보면 커다란 바위를 마주하게 되는데, 그 형상이 마치 부채처럼 생겼다 하여 부채바위라 하고, 이 둘레길의 이름도 부채길이라 명명한 듯하다. 작명가 불상인 경우가 대부분으로 결국 어떤 입담 좋은 사람에 의해 스토리는 완결되는 것이리라.

길을 걸으며 바라보는 바다는 환상적이다. 내륙에서는 동해안에서만 접할 수 있는 에메랄드빛, 그 영롱함을 만끽하게 된다. 발아래에서 끊임없이 부서지는 파도에 무료할 틈이 없다. 불현듯, 투명한 바닷속에는 무엇이 노닐고 있을까 궁금해진다. 결국 발걸음을 멈추고 한참을 들여다본다. 덩달아 멈추어 한 무리가 된 우리는 무척 심각하고

진지하게 집중해 보았지만 결국 아무것도 알아내지 못하였다. 그래도 무언가 있었으리라는 확고한 믿음을 가지고 다시 출발한다.

파도가 밀려올 때마다 발아래 몽돌들은 노래한다. 파도의 크기가 커지면 그 소리도 덩달아 커진다. 셈과 여림을 자유자재로 변주하며 바다가 들려주는 자연의 음악을 한참이나 듣고 있었다.

캘리포니아의 포트 브래그Fort Bragg 인근에는 글라스 비치Glass Beach 라고 불리는 해변이 있다. 이곳은 과거에 쓰레기를 폐기하던 지역이었으나, 이후 쓰레기 투기가 금지되고 해안 재생 프로그램이 시행되었다. 오랜 기간 잔류 쓰레기 물품들이 제거되었고 해변에 남아있던 폐병 조각들은 파도에 쓸려 다양한 모양의 조약돌처럼 남게 되었다. 오랜 세월 물살에 깎여져 형형색색의 보석처럼 재탄생하는 놀라운 일이 일어난 것이다. 지금도 많은 사람들이 아름다운 유리 조각들을 보기 위해 이곳을 방문하여 탄성을 지른다고 한다.

깨진 병 조각들의 예리함과 날카로움은 파도에 부대끼며 서로 벼려져, 이제는 어린아이의 여린 손바닥 위에 올려진다. 그리고 햇볕에 반짝이며 속삭이는 것이다. 재생의 기쁨과 희망을 노래하면서. 인간이 벌이는 수많은 해악을 바다는 이처럼 묵묵히 견뎌낼 뿐 아니라 오히려 보석으로 되돌려 주고 있음을 깨닫는 것이다. 그런데 이런 관대함이 언제까지 지속될 수 있을까?

부채길을 걸으며 초한지의 잔도 이야기를 떠올려 본다.

항우는 유방에게 익주 땅을 하사하여 그를 한중 왕으로 봉한다. 현재 사천西川 성 지방에 해당하는 지역으로 해발 3,000m가 넘는 고산준령으로 둘러싸인 험준한 산악지역이다. 한중漢中과 파촉巴蜀 지역에 해당하며 중국 대륙의 서쪽 변방인 셈이다. 그러나 현재의 충칭重慶에 해당하는 파巴 지역과 청두成都에 해당하는 촉蜀 지역은 분지로, 많은 인구가 모여서 살 정도로 곡창지대였다. 유방은 이를 토대로 나라의 근간을 세우고 후일 항우를 정벌하여 한漢나라라는 통일 국가를 이루게 된다.

유방이 항우에게 하사받은 파촉 지역으로 넘어가면서 잔도를 모두 불태워버린 일화가 널리 알려져 있다. 이는 험한 지형 때문에 잔도를 통해서만 통행할 수 있다는 것을 잘 알고 있는 항우에게 주는 메시지였던 것이다. 중원으로 나가는 길을 제거함으로써 변방에 칩거할 것임을 보여주어 안심시키는 장량의 계책이었으며, 또한 동행한 휘하의 병사들이 고향을 그리워하여 탈영하는 것을 막는 부수적인 효과도 있었다.

후에 한신은 이 잔도를 수리하는 것처럼 시선을 끈 다음, 우회하여 진창으로 진격하여 항우의 허를 찔렀다는 이야기로 마무리된다.

중국의 곳곳에서는 관광을 목적으로 많은 잔도가 건설되었고, 계속 만들어지고 있다고 한다. 어떤 곳은 너무도 위험하여 사형수들이 줄에 매달려 암벽에 구멍을 내고 기둥을 박아 좁은 폭의 잔도를 건설했다는 이야기들도 들려온다.

그중 가장 유명세를 치르는 곳이 중국 장가계의 천문산에 설치된 귀곡 잔도일 것이다. 1,000m도 넘는 까마득한 절벽에 투명한 유리로 되어 있는 구간을 지날 때의 느낌이 전해져 온다. 관광객을 모으기 위해서 국적을 불문하고, 세계 도처에서 이목을 끌기 위한 설치물을 포함하여 관광 인프라를 구축하기 위해 열심이다. 그런데 장기적으로 보면 이러한 개발이 바람직한 것인지 의구심도 든다. 한번 손상된 자연은 복구가 불가능하기 때문이다. 개발과 보존. 어려운 문제로 어디에서나 논란의 중심에 있는 듯하다.

부채길을 걸으며, 잔도 건설의 주체인 과거 왕정에서 현재의 정치 체계, 여러 나라에서 벌어졌던 변혁의 굴곡들에 대한 박소한 지식의 파편들이 심곡항의 변화와 혼재되어 어지러이 흩어져 갔다.

그리고 연이어 떠오른 단상은 페르심판스^{Persimfans}라 불리는 오케스트라에 대한 것이다. First Symphonic Ensemble을 줄여서 부르는 명칭으로, 지휘자가 존재하지 않는 최초의 대형 심포니 오케스트라였다. 과거 유명한 오케스트라의 지휘자들 중에는 폭군이라 불릴 정도의 제왕적 지휘자가 많았다.[4] 걸출한 실력을 갖춘 연주자들 입장에서 보면 실제로 음악을 연주해 만들어 내는 본인들에게 일일이 간섭하며 지시하는 존재가 왜 필요한지 반문해 보는 것이 당연했는지도 모른다. 그들의 노련한 연주 실력과 해석적 공감을 토대로 서로 합을 맞추어 내는 앙상블이 더욱 빛을 발할 수도 있었을 것이다. 실제로 페르심판스는 1930년대까지 수천 회의 연주회를 열 정도로 인기가

많았었다고 한다.[13]

오스트리아의 빈을 본거지로 하는 세계 정상급 오케스트라인 빈 필하모닉 오케스트라도 현재까지 상임지휘자가 없이 운영되는 시스템을 유지한다. 나름의 사정과 이유가 있을 것이다. 본인들이 천거하고 결정했건만, 일정 기간 있다가 떠나가는 그가 단원들 위에 군림하는 것은 물론이고, 일부 지지 단원을 내세워 그 외는 마치 적대적 사람들인 양 취급하며 무소불위의 권력까지 휘두르려 한다면 이보다 난감한 일이 어디 있겠는가? 그리고 그 폐해를 고스란히 본인들과 후대가 짊어져야 함을 앎에 단원들의 시름도 깊을 것이다.[31]

여러 분야에서, 이런 구시대적 잔재들은 털어버리고 오히려 이렇게까지 해도 되나 할 정도의 눈높이로 활동하는 신세대 리더들의 활약을 기대해본다. 그런 면에서 페르심판스의 존재감은 다시금 대단하게 느껴진다.

자전거와 도보로 구석구석을 아우르며 소담스러운 추억을 담아보았다. 가슴 한편으로는,

'심곡'이라는 포구의 급격한 변화를 둘러보며 오히려 과거의 질박했던 '심곡항'의 모습이 그리워졌다.

그래도 변함없는 바다의 존재가 안도감을 선사해 줌이 고마웠다.

앞으로도

넉넉한 관대함으로 두 팔 벌려 기꺼이 맞아주기를 소망하였다.

06

툭 떨어진 골지천을 따라 더 외진 곳을 향하다 • 구미정

정선에서 42번 국도를 따라 동해 방향으로 가다가 만나는 곳에 임계가 있다. 이곳에 들어서면, '외지다'라는 심경이 자연스럽게 솟아난다. 빈번한 왕래로 인한 번잡함에서 벗어나 있는 곳, 그래서 오히려 마음이 편안해지는 곳이다. 빨리 무언가를 해야 하는, 또 그 준비 태세를 갖추고 있어야 하는 빠듯한 일상에서 벗어났다는 안도감이 온몸에 밀려 들어온다. 기분 좋은 느낌이다.

오래전이었다. 유명하다는 오일장을 구경하러 정선에 와본 적이 있다. 그때만 해도 '정말 멀다'라는 생각이 절로 들었었다. 호기심에 여기저기 둘러보던 장터의 풍경은 색달랐고, 배추를 얹어 지져내던 메밀전병, 수수부꾸미, 콧등치기, 곤드레밥, 올챙이국수 같은 토속 음식들은 이름만으로도 '강원도'라는 향취를 물씬 풍겼다. 그 기억 때문이었을까? 정선보다 더 깊숙한 곳으로 찾아낸 것이 임계였다. 지명의 뉘앙스도 마치 어떤 끝자락의 경계를 나타내는 것 같았다. 그래서 자전거를 둘러업고 무작정 먼 길을 달려온 것이었다. 그리고 그 기대는 도착하면서부터 한껏 부풀어 오르게 되었다.

임계 읍내. 사실 행정 구역으로는 읍이 아니라 면이지만 읍내라는 표현이 더 정겹게 느껴진다. 그곳에서 조금만 가면 골지천이 있다. 이런저런 골짜기를 따라 굽이굽이 흘러가는 물줄기이다. 골지천. 독특한 이름이다. 이곳의 원래 지명은 고계리였다고 하는데, 일제 강점기 시절부터 골짜기의 사투리인 골지를 따서 골지리로 잘못 표기되기 시작하여, 흐르는 물줄기도 골지천이라 불리게 되었다고 한다. 임계는 행정구역상 정선에 속하며, 골지천은 구절양장이라는 말에 꼭 맞게 구불구불한 수로를 따라 아우라지를 거쳐 정선 본토로 흘러가게 된다.

라틴어로 '경계'를 의미하는 단어 limen리멘이 있다. 골지천을 따라 이어지는 길에 접어들면서, 마치 문명과 자연, 도시와 변방이라는 모호한 문지방을 넘어가는 호스럼을 음미하며, 희미해져 가는 '리멘'의 그림자를 천천히 더듬어 보았다.

담대한 구미정

자전거를 타고 골지천 물줄기를 따라가다 보면 호젓하게 서 있는 자그마한 정자를 만나게 된다. 어렸을 때부터 부실함의 대명사로 각인된 '사상누각'이라는 표현과는 정반대의 자리함이다. 단단한 암석 지반 위에 떡 하니 자리 잡고 있는 것이다. 초록 세상 속에 스스로 나댐 없이 자연의 일부처럼 곁들여 서 있는 모습이 저절로 발길을 끈다.

견고하게 자리 잡은 바위들을 발판삼아 다가가 두루 살펴본다. 현판에 쓰인 정자의 이름은 구미정九美亭이었다. 정확한 위치는 강원도 정선군 임계면 봉산 3리다. 정자는 생각했던 것보다 규모가 컸다. 그리고 그곳에서 바라보는 주변 풍광은 너무도 아름다웠다.

구미정은 조선 숙종 때 문신 출신인 수고당 이자李慈라는 선비가 고질적인 사색 당파싸움에 환멸을 느껴 공조참의 관직을 버리고 변방에 은거하며 지내려고 세운 곳으로, 한가하게 풍류나 즐기는 한량들의 정자와는 다른 형태라고 한다. 특이하게도 온돌 시설이 구비된 건축 구조로 되어 있다. 이는 호시절 한때의 음주와 가무를 위해서가 아니라, 장시간 머물며 자연과 더불어 공부하려는 선비의 마음가짐이 반영된 게 아닐까 추측해 본다.

구미정에 올라 낙향한 선비를 생각하다 보니 다산이 떠올랐다. 다산 정약용은 오랜 시간 유배 생활을 하였다. 그가 귀향 간 곳은 강진으로, 거처하던 집의 이름을 사의제四宜齋라 하였다. 이는 생각을 담백하게 하고, 외모를 장엄하게 하며, 언사에 절제가 있고 행동은 무겁게 하는 곳이라는 의미라 한다.

다산은 18년의 유배 생활을 하게 되는데, 이 기간에 경세유표, 목민심서, 흠흠신서 등 무려 500여 권의 책을 집필하였다. 이는 그가 느낀 소명에 대한 결과물일 것이며, 제자들의 헌신적 조력도 큰 도움이 되었을 것이다. 어떤 이는 귀양에 대한 억울함으로 유배지에서 몸져 누워 헤매거나, 술로 세월을 보내는 사람도 있었을 터이다. 그런데 다산은 이 시간을 오히려 자신의 식견을 집대성하는 기간으로 보내었

으니 결이 다른 사람이며, 대단한 열정이라 탄복할 만하다. 다산은 유
배 후 집으로 돌아가서 18년을 더 살고 72세에 유명을 달리하였으니,
이같이 장수했음은 역설적으로 당쟁과 정치 논쟁에서 벗어나 검약한
유배 생활을 한 덕분이라고 말하는 이도 있다.[11]

이러한 생각들을 하다 보니, 문득 지금의 정치 세태가 떠올라, 가슴 한구석이 답답해진다. 어느 나라, 어느 시대를 막론하고 신문의 정치란을 읽으며 미간을 찌푸리지 않는 사람이 있으랴마는. 그때 어디에서 날아왔는지 백로 한 마리가 거짓말처럼 이곳을 보고 있음에 놀란다.

다시 바라다본다. 백로가 확실하다. 살아서 움직이고 있다. 유유히. 언제 온 것일까? 어쩌면 먼저 온 그의 안식을 내가 방해하고 있는 것일지도 모른다. 그래서 아주 조용히 있기로 한다. 이곳에 단둘만 있다는 사실에 고무된다. 정자의 이름이 '구미정'이라는 사실이 실감 나는 순간이었다. 그랬다! 이곳에 서면 9가지의 아름다운 경치를 맛볼 수 있다는 것이 허언은 아닌 것이다.

정자에는 구미 십팔 경의 목록이 빽빽이 적힌 현판이 걸려 있다. 한자로 표기된 9가지 경치에 대한 표현을 찾아서 정리해 본다.

전주(田疇) - 밭의 둑 즉, 전원의 경치를 의미

석지(石池) - 돌로 둘러싸인 연못, 정자 뒤편 암반 위의 작은
　　　　　　 연못

어량(漁梁) - 물고기 잡는 통발, 개울에서 물고기를 잡기 위해
　　　　　　 놓는 것

반서(盤嶼) - 하천 안에 있는 넓고 편편한 큰 바위판

등담(燈潭) - 정자에 등불을 밝혀 연못에 비치는 경치

평암(平岩) - 넓고 큰 바위

층대(層臺) - 층층으로 이루어진 절벽

취벽(翠壁) - 정자 앞 석벽 사이에 있는 쉼터의 경치

열수(列峀) - 주변 암벽에 줄 서서 뚫려 있는 바위 구멍들

풍경에 대한 서술을 음미하다 보니 한 가지를 더해야 할 듯하다. 골지천 변 암반을 디디고 서 있는 백로. 이 아름다움은 반드시 포함되어야 한다는 마음이 확고해졌다. 그에게 강력하게 천거를 해야겠다는 심경에 이른다. 혹시 본인을 의식하여 일부러 쓰지 않은 것은 아닐까 하는 의구심도 든다. 희고 깨끗한 이미지 때문에 청렴한 선비의 상징인 백로를 본인이 도용하는 것 같은 자격지심 때문이리라는. '까마귀 노는 곳에 백로야 가지 마라.' 반사적으로 튀어나오는 이 문구처럼 눈앞에 선연히 서 있는 백로를 보니 모든 것을 툭툭 털어버리고 낙향한 선비의 모습을 보는 듯하다.

조용히 이어폰을 연결한다.

언제였는지 정확히 기억나지 않는다. 아마도 라디오 방송에서였던 것 같다. 그리고 운전 중이었을 것이다. 아름다운 화성이 두드러지는데 갑자기 금관악기의 직선적인 울림이 흩뿌려지는 것이었다. 문자 그대로 공간상에 뿌려지는 느낌이었다. 노래에는 특별한 반주가 들리지 않았다. 바흐의 칸타타를 반주 없이 듣는 느낌이랄까. 기교 없이 미성이 어우러졌다. 아마 남성 합창 아니 중창이라고 해야 할까. 금관악기는 무엇일까? 트럼펫은 아닌 것 같고 호른도 아닌데 도대체 무엇일까. 이런 고전적 느낌의 음악에 쓰이는 악기라면 그 시대를 반영하는 원전 악기일까? 음악을 듣는 내내 머릿속에는 궁금증이 한가득 피어올랐다.

이세 방법은 하나였다. 곡이 끝나고 곡명을 알려주는 아나운서의

멘트만을 기다리는 것이었다. 그런데 아뿔싸! 그 정확하다는 발음으로 말해주는 제목을 도대체 알아들을 수가 없었다. 그만큼 생소한 단어였다. 다행히 그나마 들은 것은 색소폰과 앙상블이었다. 이후에 어떻게 운전해서 갔는지 전혀 기억에 없다. 도착해서 한 일은 폭풍 검색을 통한 퍼즐 조각 맞추기였다. 필시, 지금과 같이 방송국 앱에서 제공되는 선곡 리스트가 없었던 때였나 보다. 각고의 노력 끝에 결국 찾아낸 음반이 바로 이것이었다. 그리고 지금처럼 무구함을 즐길 수 있는 곳에 머무르게 되면 듣게 되는 곡들, 그 리스트에 오르게 된 것이다.

Officium!

힐리아드 앙상블The Hilliard Ensemble과 얀 가바렉Jan Garbarek 연주의 앨범이었다.

앨범 표지는 스산한 분위기를 자아내는데, 재생 버튼을 누르고 흘러나오는 첫 번째 트랙의 곡인 Parce Mihi Domine를 들으면 자신도 모르게 짧은 탄식이 터져 나오고, 저절로 눈이 감기며 의자 깊숙이 몸을 기대게 된다. 반주 없이 서서히 쌓여가는 보컬의 고색창연한 음절과 뒤이어 어우러지는 금관의 찬연한 음색은 켜켜이 쌓인 세월의 무게 사이로 황금빛 후광을 아주 천천히 채워가는 것이다.

힐리아드 앙상블은 4명의 남성 아카펠라 그룹이었고, 가바렉은 노르웨이 출신의 색소포니스트였다. 재즈 피아니스트 키스 자렛과 유러피안 쿼르텟을 함께 하기도 했던 가바렉은 일반적인 재즈 연주와는 전혀 다른 연주 기법으로 음반에 기여한 것이다. 악기의 정체를 알기 어려웠던 이유가 수긍이 되었다. 가바렉은 이 음반 작업을 하면서 반주나 독주 악기로서의 색소폰이 아니라 마치 5명으로 구성된 앙상블을 구현하려고 한 것처럼 느껴진다. 인간의 목소리를 내는 색소폰처럼.

이 음반에 수록된 곡들은 바흐와 헨델로 대표되는 바로크 시대보다 이전 작곡가들의 작품이라고 한다. 15세기, 16세기의 작품들로 구성되었으며, 힐리아드 앙상블이 부르는 곡들은 다층화된 옛날 그레고리안 성가를 연상시킨다. 음반을 들을 때마다 놀란다. 어떻게 재즈와 고전음악을 이렇게 절묘하게 매칭시킬 생각을 했으며, 그것이 음반화되어 상업적 결과물로 나왔다는 사실에도. 그런데 우리에게도 반전의 모습이 현실화되고 있음을 종종 볼 수 있다. 우리나라 홍보 영상에 도입된 판소리와 랩의 협업, 전통 복장과 색상의 현대적 해석 등 새로운 시도를 반색하며 반기는 것이다.

다시 연주에 집중해 본다. 그리고 울림의 공간을 떠올려 본다. 메테오라 수도원Meteora Monasteries이라는 곳이 있다. 높게 솟은 바위산 정상에 위태롭고 절묘하게 서 있는 건물로, 접근하는 것이 극도로 어려워 보이는 일명 '공중에 떠 있는 수도원'이다. 사진을 본 순간부터 그 모습에 매료되었었다. 음악을 들으며, 세속적인 것들을 떠나 검소하고 소박한 일상 속에 임재의 기쁨을 찾아가는 수도사들의 삶도 어렴풋이 그려지는 거였다. 호젓한 이곳에 단출하게 떠 있는 구미정. 그들은 이미 오래전부터 그렇게 닮아 있었는지도 모른다.

호젓한 산장을 꿈꾸다

이제 구미정을 떠나 골지천을 따라 굽이굽이 길을 달린다. 아니, 달린다는 표현보다는 부유한다는 표현이 왠지 더 적절할 듯하다.

  호젓한 길이다.
  소나무들이 듬성듬성 병풍처럼 늘어 서 있다.
  그 사이로 보이는 골지천이 깊은 초록으로 흐른다.
  폭이 좁은 길이 이어진다.
  자전거로 달리는 숲 사이로 길이 정겹다.
  골지천이 하얗게 꿈틀댄다.
  수심이 얕고 흐름은 빠르다는 뜻일 게다.

  곧 호젓함은 사라지고 왕복 2차선 도로와 만난다. 이제 골지천을 가로지르는 다리를 건너 잠시 호흡을 고르며 마음의 준비를 한다. 제법 가파른 오르막길이 구불구불 이어지며 인내를 시험한다. 자전거를 타며 만나는 오르막은 늘 결정을 종용한다. '타고 오를 것인가 아니면 내려서 끌고 갈 것인가?' 과거에는 끌고 간다는 사실이 용납되지 않았다. 왠지 수치스러운 일인 것처럼. 특히 여러 사람들과 같이하는 라이딩에서는 은근히 경쟁 심리도 발동한다. 이때는 표정 관리가 중요하다. 뭐 대수롭지 않은 일을 하는 것처럼, 이 정도의 경사는 아무것도 아니라는 것을 보여주어야 하는 것이다. 물론 거친 호흡도 금물이다.

가파른 언덕길을 힘겹게 오르다 보니 예전 일이 생각난다. 알프스에서 바다까지 이어지는 트레일 코스가 있다. 이탈리아의 리몬네 피에몬테Limone Piemonte에서 출발하여 지중해와 만나는 벤티미글리아Ventimiglia에 이르는 루트이다. 120km 정도 되는 거리이지만 프랑스와 이탈리아 국경을 넘나드는 비포장의 하드코어 코스다. MTB, BIKE, SUV를 이용하여 알프스산맥의 구불구불한 능선을 따라 이어지는 비경, 발아래 펼쳐지는 운해를 감상할 수 있다고 한다.

특히 이중 Upper Salt Road라 불리는 루트는 과거의 군사 도로를 이용하게 되는데, 해발 1,800~2,100m의 고지대를 만끽할 수 있다. 그중 Colle della Boaria 바로 직전에 암반으로 된 바위산을 깎아 만든 도로의 비현실적인 모습과 석벽을 층층이 쌓아 만들어낸 지점이 유명하다. 마치 헤어핀처럼 180도로 급격하게 꺾이는 구간이기도 하다. Zabriskie Point라고 불리는 그곳의 사진이 뇌리에 박혀 있었던 거였다. 무엇이든 해낼 수 있을 것만 같았던 시절, 친구와 사진을 보며 언젠가 꼭 한번 그 길을 달려보자고 약속했었다. 속절없이 세월은 흘렀지만 그래도 젊은 날의 꿈은 추억으로 남았다.

자전거로 언덕을 오르는 것은 늘 괴로운 일이다. 경사가 가팔라질수록 그만큼 겸손해진다. 그래도 계속 올라야 하므로 고민이 크다. 논점은 어떻게 페달에 큰 힘을 효율적으로 실을 것인가? 이다. 프로선수들을 보면 서서 타는 경우를 많이 본다. 체중을 실어 페달에 직접 전달하고자 하는 것인데, 안장에 앉았을 때와는 사용되는 근육과 효율이 달라지기 때문이기도 하다. 엉덩이 근육(대둔근), 허벅지 근육(대퇴직근) 그리고 정강이 근육(전경골근)의 특정 부분 사용이 두드러지게 된다고 한다.[43] 스프로킷, 크랭크, 샤시 부위 등에 설치된 스트레인 게이지를 이용하여 측정하는 파워미터를 활용하면 본인에게 맞는 효율적인 주행 자세를 찾아 분석할 수 있다. 이제 모든 스포츠는 철저히 과학의 통제하에 있게 된 것이다. 업힐에서 산악 왕이 목표라면 이 근육들을 열심히 단련해야 함이 전제되어야 할 것이다. 무엇이든지 쉽게 얻어지는 것은 하나도 없는 것이니.

그런데 희소식이 있다. 발목을 통해 가해지는 페달을 누르는 힘은 뒤꿈치보다 앞쪽이, 그중에서도 엄지발가락 쪽이 가장 강력해서 발바닥 전방부로 페달을 밟는 것이 유리하다는 것. 그래서 클릿의 위치가 앞쪽에 치우쳐있는 것이다. 너무 지당한 말이다. 또 한 가지는 신발 바닥의 재질이다. 신발 바닥이 단단해서 덜 구부러질수록 페달로 전달되는 힘이 커진다는 사실. 일반적인 쿠션 좋은 운동화와 카본과 같은 단단한 재질로 된 신발과의 비교 자료를 보면, 후자가 동일한 힘에 대한 뒤꿈치 구부러짐을 2% 수준까지 줄일 수 있는 것으로 보고되고 있다. 그만큼 힘의 전달 효율이 높아짐을 의미하는 것이고, 프로 선수들이 어기적어기적 걸으면서도 단단한 신발을 신는 이유인 것이다. 그런데 레이싱과는 확연히 다른 순례의 길에서는 다기능의 신발이 더 요긴하다. 그래서 신발은 늘 관심사 1순위에 오른다. 편안함과 효율 그 두 마리 토끼를 모두 잡기 위해서.

잘 정돈된 밭과 듬성듬성 있는 민가들을 지나 계속 오르다 보면 드디어 마음에 정하고 온 장소에 다다른다. 지리한 언덕길을 오른 이유는 호젓한 산장을 보고 싶어서였다. 저 멀리 보이는 건물에 목이 메인다. 지나온 길이 너무도 서러운 것이다. 이곳의 정확한 명칭은 방성애산장이다. 지금은 주변의 집들도 늘어나고 현대화되기까지 하였지만, 처음 이곳을 방문하였을 때는 경이롭기 그지없었다. 상상이 현실이 된 곳이라고나 할까. 사람들의 기척이 없는 외진 곳에 꾸밈없이 지어진 목조 건물 그리고 손때 묻은 오래된 생활 도구들이며… 장작 타는 연기와 나무 냄새에 취할 수 있는 곳. 마음속으로는 앞으로도 늘 이런 곳으로 남아 주기를 바랐었다.

무척이나 바쁜 일상이 이어지고 있었다. 정신없이 부대끼는 일정들 속에서 잠시 머리 들어 창밖을 보다가 불현듯 그곳이 생각났다. 그리고 뭔가에 이끌리듯 써나간 글이 있었다. 연필 예찬.

이곳에서는 칠흑 같은 어둠을 밝혀 나의 글을 써야 할 것 같다.
처음 글을 배우고 쓰는 도구는 연필이었다.

그리고 한참 동안 동일하였다.

그러다 볼펜이라는 것을 사용하게 되었고, 흑백으로만 구분되던 글자와 여백 사이에 강렬한 빨강과 짙푸른 파랑이 합세하였다.

그리고 많은 시간이 흘렀다.

이제는 글자를 쓴다는 개념보다는 글을 친다는 것이 보편화되

었다.

간단한 서명과 사인을 제외하고는 점점 더 글자를 써나가는

과정이 생략되어가고 있다.

키보드를 두들겨 대는 일이 일상화되어 버린 것이다.

몇 년 전부터 의도적으로 연필을 사용하기 시작했다.

간단한 메모에서 시작하여 교정과 간략한 주석 달기에서 일익을 담당하고 있다.

책상 위에는 2 더즌에 해당하는 연필이 투명한 화병에 담겨 있다.

연필 뒤에는 지우개가 달려있다. 글자를 지우는 용도로 사용해 본적은 거의 없는 듯하다.

오히려 연필통에 넣을 때 불필요한 소리를 제거해 주는 댐퍼로서의 기능에 더 만족한다.

연필들은 연필깎이를 통해 말쑥하게 단장되고, 레디 상태를 유지하고 있는 것이다.

검은색과 노란색 줄이 육각 면에 번갈아 칠해져 있는 잘 깎여진 연필을 보면 기분이 좋아진다.

자 이제 시작해 볼까? 하는 마음이 절로 생겨난다.

연필 하나를 집어 든다.

조심스럽게 글자를 쓰기 시작한다. 결정적 순간이다.

뾰족하게 깎여 있는 연필심이 종이에 닿아 움직인다.

사뭇 긴장감이 감도는 순간이다.

천천히 움직이던 찰나에 '뚝' 하고 심 끝이 튕겨져 나간다.

예리한 끝부분이 부러진 것이다.

'이제부터야' 하고 마음속이 오히려 편안해진다.

그리고 글자를 써나가는 손길이 빨라진다.

충실히 작업에만 몰두하는 시간들이 이어진다.

뭔가 글자를 쓰는 것이 둔감하다는 느낌이 들 때면, 어김없이 연필심은 뭉툭해져 있다.

이 지점에서 알 듯 말 듯 한 미소가 얼굴에 스쳐 간다.

아 열심히 일했구나 하는 느낌과 더불어.

카페와 같은 외부에서 작업을 할 때도 있다.

물론 상당히 의도된 장소 선정이다. 참신한 아이디어에 대한 기대를 가지고.

그런데 이곳에 연필 군단을 대동하기는 부담스럽다.

그럴 때면 함께하는 샤프펜슬이 있다.

925 35

기계식 연필이다.

나무와 심이 결합된 일반 연필과는 달리, 연필심만 통에 넣고 팁을 통해 심을 밀어내며 쓰는 편리한 방식이다. 어렸을 때 이 것이 너무 궁금하여 멀쩡한 샤프펜슬을 몽땅 분해해 본 적이 있었다. 그리고 나중에야 깨달았다. 중력과 마찰의 조화를 고 안해 낸 사람의 위대함을.

많은 회사에서 다양한 종류의 기계식 연필을 판매하지만, 이 모델을 고집하는 데에는 이유가 있다.

첫째는 0.9의 연필심을 사용할 수 있다는 것이다. 가느다란 세필의 글씨를 선호하지 않기도 하지만, 부러짐 없이 부드럽게 써 내려가는 데 가장 적합한 연필심 굵기이기 때문이다.

두 번째는 칼라이다. 좋아하는 블루가 대표색이기 때문이다. 925 25로 표기되는 실버색도 있고, 샴페인 골드나 화이트칼라의 특별 한정판도 판매한다. 하지만 블루이어야 한다.

세 번째는 요철이 있는 그립이다. 미끄러짐 없이 글을 써나가는 데 도움이 된다.

네 번째는 심을 지지하는 팁 부분이 길다는 것이다. 뭔가 안정감을 준다.

다섯 번째는….

더 이상 하다가는 뭔가 오버하는 것 같아 여기까지만.

아무튼 애장하는 샤프펜슬은 925 35 09 인 것이다.

연필 예찬은 여기에서 멈추었다. 산적한 많은 일들의 기다림을 애써 외면하고, 여유로움을 가져보려 했던 것 같다. 일상이 번잡하게 짜일수록 마음은 자꾸만 바깥으로 향하게 된다. 그럴 때면 짬을 내어 서점에서 이런저런 책들을 둘러보기도 한다. 바로 그때 강렬하게 시선을 끌며 사로잡았던 책이 있었다. "캐빈 폰"이라는 한글 제목. '나무, 바람, 흙 그리고 따뜻한 나의 집'이라는 부제가 붙어 있다. 자크 클라인Zach Klein이 기획자로 되어 있는 이 책의 원제목은 Cabin Porn :

Inspiration for your quiet place somewhere이다. 상당히 자극적인 제목인 듯하다.[49]

보통 취미 활동에서 특정한 분야에 집중적인 관심을 가지는 애호가를 일컬어 접미사로 −phile을 붙이곤 한다. 오디오파일audiophile이라는 표현이 대표적이다. 그런데 오두막 파일이라는 말로는 가슴속 뜨거운 열정을 표현함에 부족하다고 느꼈나 보다. 보통 pornography를 의미하는 porn을 쓴 것은 '취미로 좋아함'을 뛰어넘는 강렬한 열망이 투영된 것이리라.

이 책에는 세계 여러 나라에 실재하는, 상상을 뛰어넘는 캐빈들이 등장한다. 조용한 오지에 지어진 소박한 오두막을 비롯해서 산장의 규모를 넘어서는 반전의 건축물과 그 미학을 감상할 수도 있다. 이 책에 푹 빠져 몰입하다 보니 부지불식간에 마음속에는 작은 불꽃 하나가 희미한 빛을 내며 발화하는 거였다.

툭 떨어진 골지천을 따라 외짐을 쫓아 라이딩을 이어왔다. 천변에 홀연히 서 있던 구미정과 산속 깊숙이 자리 잡고 있던 산장은 대중의 빈번한 발걸음에 그동안 숨겨졌던 아련함, 애틋함을 상실해 가고 있는 듯하여 아쉬움이 커졌다.

그래서 꿈꾸어 본다. 그것이 언제가 될지는, 혹여 한줄기 바람만으로 남게 될지언정, 마음속에라도 소담스러운 오두막을 지어본다. 굳이 나의 소유일 필요도 없다. 아주 가끔, 그저 눈 내리는 소리를 들으며 가슴속 이야기를 써 내려갈 수만 있다면.

바로 그곳에서 백석의 시를 가슴에 품어 보고 싶다.

　오늘 저녁 이 좁다란 방의 흰 바람벽에

　어쩐지 쓸쓸한 것만이 오고 간다

　이 흰 바람벽에

　희미한 십오촉 전등이 지치운 불빛을 내어던지고

　때글은 다 낡은 무명샤쯔가 어두운 그림자를 쉬이고

　그리고 또 달디단 따근한 감주나 한잔 먹고 싶다고 생각하는

　내 가지가지 외로운 생각이 헤매인다

　그런데 이것은 또 어인 일인가

　이 흰 바람벽에

　내 가난한 늙은 어머니가 있다

　내 가난한 늙은 어머니가

　이렇게 시퍼러둥둥하니 추운 날인데 차디찬 물에 손은 담그고

　무이며 배추를 씻고 있다

　또 내 사랑하는 사람이 있다

　내 사랑하는 어여쁜 사람이

　어늬 먼 앞대 조용한 개포가의 나지막한 집에서

　그의 지아비와 마조 앉어 대구국을 끓여놓고 저녁을 먹는다

　벌써 어린것도 생겨서 옆에 끼고 저녁을 먹는다

　그런데 또 이즈막하야 어늬 사이엔가

　이 흰 바람벽엔

내 쓸쓸한 얼골을 쳐다보며

이러한 글자들이 지나간다

— 나는 이 세상에서 가난하고 외롭고 높고 쓸쓸하니 살어가도

록 태어났다

그리고 이 세상을 살어가는데

내 가슴은 너무도 많이 뜨거운 것으로 호젓한 것으로 사랑으

로 슬픔으로 가득 찬다

그리고 이번에는 나를 위로하는 듯이 나를 울력하는 듯이

눈질을 하며 주먹질을 하며 이런 글자들이 지나간다

— 하늘이 이 세상을 내일 적에 그가 가장 귀해하고 사랑하는

것들은 모두

가난하고 외롭고 높고 쓸쓸하니 그리고 언제나 넘치는 사랑과

슬픔 속에 살도록 만드신 것이다

초생달과 바구지꽃과 짝새와 당나귀가 그러하듯이

그리고 또 '프랑시쓰 쨈'과 도연명과 '라이넬 마리아 릴케'가

그러하듯이

<흰 바람벽이 있어-백석>

07

가장 멀찌감치 떨어져 있는 제주도는 내륙의 변지들보다 오히려 저렴하고 편하게 다가갈 수 있는 곳이 되었다. 특히, 최근 몇 년 사이에 제주도 열풍이 불면서 단기간의 여행이 아닌 체류나 이주로까지 발전하게 되었다. 이러한 개발 붐 덕분에 다양한 잠자리와 볼거리, 먹을거리 들이 늘어난 것이 사실이다. 그러나 상업적 편리함을 얻은 대신 한적한 여행에 대한 환상은 접어 두어야 하는 상황이 된 듯하여 무척 아쉽다.

이제 변방이라는 것은 단순히 동떨어진 고립으로 읽히기보다는 익숙하지 않아서 독특한 어떤 곳으로 인식된다. 대표적인 예가 바로 제주도가 아닐까 싶다. 요즘 제주 하면 떠오르는 것은 지금의 내가 있는 이곳과 상이한 색다름과 손쉬운 일탈의 장소일 뿐이다. 과거와 달리 외지고, 가기 힘들어 고립되어있는 지역이 아니기 때문이다. 국내의 다른 어떤 곳보다도 접근성이 용이하고 각종 여흥에 대한 인프라가 잘 갖추어진 매력적인 곳. 그래서 변방성의 상실이라는 양면에 호불호가 갈리는 것이다.

자전거로 제주도를 일주하는 환상이 현실화 되었다. 이렇게 표현하면, 뭔가 대단한 도로가 신설되었다고 생각할 수 있겠다. 그러나 사실은 자전거가 지나는 길을 표시하고 특정한 지점에 인증 스탬프를 찍을 수 있는 형태가 갖추어졌다는 표현이 정확할 것이다.

여하튼 가야 할 루트가 명확해졌고, 시간과 일정을 조목조목 따져볼 수 있는 것은 반가운 일이다. 그리고 여정에 대한 추억 도장을 하나씩 받아 둘 수 있는 것도 색다른 재미이다. 용두암에서 시작하여 해안을 따라 섬을 일주해서, 시작점으로 돌아오는 순환 코스로 구성된, 제주도 자전거길은 총 길이가 234㎞에 이른다. 물론 자전거 전용 도로는 아니기에 여러 요소들을 고려해야 한다. 다행히도 위험 구간은, 도로와의 경계를 명확히 구분하는 작업으로 계속해서 보완되는 것 같다. 제주도의 자전거 종주에 대해서는 개인적으로 여러 버전이 있다. 엄밀히 하자면 종주는 아니고 종주의 완성을 위한 지엽적인 라이딩의 연속이라 해야 적절하다. 여기에는 초기 버전을 싣기로 한다.

이번에는 거창하게 원정팀을 꾸렸다. 전에도 그랬고 앞으로는 더 힘들 것을 알기에 벌인 일이었다. 단독으로 하는 라이딩도 운치 있고 좋지만, 이번 코스처럼 며칠 일정의 장거리인 경우에는, 적절한 인원이 함께 움직이는 것이 여러모로 장점이 많다. 아들내미와 누이 그리고 조카들로 구성된 이번 팀은 원정 라이딩과 보급으로 나누어진다. 3명은 열심히 달리고 2명은 잠깐의 서포트와 관광을 하기로 합의되었다. 결국, 적절한 라이딩과 먹거리 순례가 원정의 목표가 된 것이다. '스토리들의 축적과 시의적절한 되새김은 팍팍한 일상을 살아가는데 청량제 역할을 해준다. 이를 위해 부지런히 새로운 체험 결과를 공급해 주어야 한다'라는 명분은 물론 강조되었다.

  타고 간 비행기가 제주 상공에 도착했음과 이제 곧 착륙할 것임을 알렸다. 익숙한 몸짓으로 착륙 준비를 했다. 비행기의 고도가 점차 낮아지고 있었다. 기체의 흔들림이 예사롭지 않다고 느껴졌다. 제주도는 바람이 강한 곳이라 으레 겪는 통과 의례이려니 했다. 애써 대수롭지 않다고 자신에게 말하고 있는 것이 무색한 일이 발생했다. 흔들리며 착륙하던 비행기가 갑자기 상공으로 치솟는 것이었다. 수없이 와본 제주도이건만 이런 경우는 없었다. 우여곡절 끝에 기체는 지면에 착륙하는 데 성공하였다. 문자 그대로의 '성공'! 이렇게 제주도를 자전거로 달리자는 시작부터가 요란하였다.
  나중에 뉴스를 통해 알았지만, 바람 많은 제주이지만 그중에서도 특별한 강풍주의보가 발효된 날이란다. 그래서 비행기가 한 번에 착륙하지 못하고 착륙 직전 이륙하였다가 재착륙을 시도하는 해프닝이 발생했었던 것이다.

출발 전에 여러 가지 검토를 하였다. 처음부터 끝까지 자전거로 단번에 종주하는 것도 의미가 있는 일이다. 그러나 이번에는 그러한 철인 경기식 라이딩을 하고 싶지 않았다. 오히려 더 많은 추억을 쌓는 것이 중요했다. 그래서 보급 차량과 캐리어를 준비했다. 트렁크 활용도가 커야 하므로 휘발유 차량을 투입했다. 자전거도 속도보다는 편안함에 주안점을 두었다.

반시계방향으로 일주 노선을 택하여 해안도로를 타고 가면 우측으로 펼쳐진 바다와 동행하게 된다. 많은 상업 시설들이 길가를 따라 이어진다. 카페나 펜션도 이제는 독특한 개성이 없으면 힘든가 보다. '무난함은 평범함'이란 등식이 성립되어, 짧은 기간 체류하는 사람들

의 시선을 끌지 못하면 영업을 이어가기가 어렵다고 한다. 최근에는 산티아고 순례길에도, 카페나 마사지 등의 휴식 시설들이 우후죽순으로 들어선다고 하니, 순례라는 단어의 의미를 상실하게 되는 건 아닌지 염려스럽다. 관광을 기반으로 하는 비즈니스는 어차피 방문하는 사람들의 규모에 비례하는 것일 테지만, 그래도 아쉬움이 크다.

애월 해안도로를 타고 가다 보면 암반 염전이 있다. 일반적인 염전의 모습과는 판이하다. 안내판에 의하면, 제주도식 표현으로는 '소금 빌레'라고 부르는 돌 염전이다. 염전의 원리는 간단하다. 바닷물을 일정량 햇빛에 노출시켜 수분을 증발시키므로, 염분을 졸여 얻는 것이다. 그러나 말처럼 쉬운 그 과정은 실제로는 아주 고된 것으로 알려져 있다. 단순히 맛을 내고 부패를 막는 기본적인 역할에서 더 나아가, 이제 소금은 기호식품처럼 선택의 스펙트럼이 넓어졌다.

보통 염전에서 채취하는 소금을 천일염이라고 부른다. 바닷물을 사용하다 보니 여러 불순물이 문제가 되어, 이를 전기적인 방법 등을 통해 인위적으로 소금을 추출한 것을, 정제 소금이라고 한다. 대부분의 식용 소금에 해당한다. 언제부터인지 이러한 정제 소금에 반대하는 흐름이 있었다. 즉, 천일염에는 미네랄 등 몸에 좋은 자연 성분이 풍부하게 농축되어 있음을 강조하게 된 것이다. 그래서 유명 음식점에 가면 프랑스나 어떤 특정 국가를 거론하는 소금이 제공되기도 하였다. 그런데 최근 반전이 일어났다. 전세계는 플라스틱과의 전쟁으로 골머리를 썩고 있다. 특히 바다에 퍼져있는 미세 플라스틱 문제는 거의 재앙에 가깝다. 그동안 엄청난 식량의 보고요, 영양소의 공급원이었던 바다가, 이제는 기피 대상이 되는 셈이다. 건강의 대명사였던 자연산 생선이 밥상에서 슬그머니 사라지고 있는 것이다. 소금도 이러한 추세에 맞추어 제3의 소금인 암염이 주목을 받고 있다. 아주 오래전 지각변동 때문에 바다가 융기하면서 고립된 바닷물이, 건조와 높은 압력으로 마치 암석처럼 굳은 것을 말한다. 하늘에 맞닿는 높은 산의 대명사인 히말라야, 그곳 출신의 소금이라는 생소한 명함으로, 그것도 백색이 아닌 핑크빛 컬러로, 마치 고급스러운 식자재처럼 포장되어 식탁에 오르고 있다.

해안도로를 따라 내려가면 애월항, 한림항, 협재해변, 한담해변 등 명소로 손꼽히는 곳을 모두 경유하게 된다. 그중 월령 선인장마을에 서는, 신선초라 불리는 선인장이 해안에서 생육하는 낯선 풍경도 보게 된다. 건조한 사막에서 자생하는 것이 선인장이라는 고정관념이 머리에 뿌리 깊게 박혀버리었기 때문이다. 길을 따라가다 보면 거대한 풍차들이 눈에 들어온다. 확실한 랜드마크가 되어 버린 풍력 발전단지이다. 뒤돌아보니 멀리 날렵하고 거대한 세 개의 날개를 펴고, 우뚝 선 풍차와 어우러진 비양도까지 한눈에 들어온다. '그래, 열심히 달려왔다' 하는 만족감이 온몸에 퍼진다.

제주도가 화산섬이라는 사실을 알 수 있는 방법이 몇 가지 있다. 한라산의 정상에 올라 분화구의 흔적을 보는 것도 그 하나이다. 또 한 가지는 오름에 올라 보는 것이다. 한라산에 비할 바가 아닌 높이이지만 오름에 올라 주변을 보면 얼마나 많은 오름이 있는지를 그제야 알 수 있다. 이 두 가지는 상징적 결과로 받아들이는 것이지 직관적이지는 않다. 가장 확실한 방법은 화산 활동의 결과물을 직접 눈으로 보고, 손으로 만져보는 것이다. 내륙 어디에서도 볼 수 없는 까만색의 돌. 그것도 잔구멍들이 수없이 숭숭 뚫려있는 돌의 이미지는 단번에 머릿속에 각인시켜준다. 이곳이 화산섬이라는 것을.

그런데 이런 돌들이 바닥에 그냥 듬성듬성 흩어져 있는 것이 아니라, 이런저런 크기의 것들이 층층이 쌓여있는 모습이 눈에 들어온다. 그리고 그것이 끝인가 싶으면 이어지고, 여기에만 있겠지, 싶으면 저기에도, 그리고 또 저 너머에도 이어짐이 계속되는 모양을 보면, 그 독특함에 매료되기 시작한다. 청보리의 녹색 물결이 바람에 따라 춤을 출 때, 그것과 정면으로 배치되는 까만색 돌들로 길게 이어진 담의 모습은, 무척이나 이국적인 정취를 자아낸다. "이것이 제주도지" 하는 말이 저도 모르게 입에서 새어 나오는 것이다. 그런데 재미있는 것은 돌을 쌓아 만든 담이 어디에 있느냐에 따라, 부르는 호칭이 다르다는 사실이다.

밭 주위에 둘러친 담은 밭담이라 불린다. 그러면 집 주변에 쌓은 담은 집담일까? 그렇다. 그렇다면 가끔 보이는 밭 한가운데 있는 무덤 둘레에 쌓은 담은? 가장 먼저 손든 사람에게서 듣는 대답은 무담

일 것이다. 아니라고 하면 여기저기서 경쟁적으로 손을 들고 생각할 수 있는 모든 대답들이 쏟아져 나올 것이다. 이외에도 독특한 이름의 담들도 있다. 일명 똥 돼지라 불리는 돼지우리에 두른 담은 통싯담으로 불린다고 한다. 큰집 옆에 붙어있는 작은 텃밭의 돌담은 우영담, 길에서 집까지 좁은 골목길로 이어지는 돌담은 올렛담이라는 정감 있는 이름으로 불린다. 아직 기억의 끈을 놓지 않은 사람에게 들려주는 정답은 '산담'이었다.

　짙은 블랙의 어우러지는 정취를 섬의 내륙에서만 느낄 수 있는 것은 아니다. 해변에서는 에메랄드빛 바다와 어우러지는 색채의 향연을 만끽할 수 있다. 파도가 하얗게 부서지는 해안에서 보는 화산암과 흑백의 대비도 나름 인상적이다.

　섬인 제주도에서 바라보는 섬은 생소하다. 마치 이곳은 육지이고 앞에 보이는 것이 진짜 섬이라고 말하는 것 같다. 마침 차귀도와 와도

가 있는 앞바다에는 요트가 유유히 떠 있었다. 저 멀리 보이는 산, 해안에서 높이 솟아있는 저곳도, 오래전 화산 활동의 결과물일 것이다. 정상에는 하얀색의 둥근 탑 구조물이 서 있는데 '고산기상대'라 불린다. 제주도의 동쪽 끝에 성산일출봉이 있다면, 서쪽 끝에 위치한 이곳이야말로 서해안 일대를 제법 높은 곳에서 내려다 볼 수 있는 최적의 장소로 손꼽힌다.

좌측은 가파른 경사지로, 마치 그 벽을 향해서 달려드는 파도를 숨죽여 온몸으로 받아내는 모양새의 해안 도로를 따라간다. 자구내 포구에서 엉알 해안을 따라 이어지는 이 해안로는 절경으로 알려져 있는데, 우측으로는 끊임없이 이어지는 파도에 부딪혀 포말로 채색되는 용암석으로 둘러싸여 있어, 그 어느 곳에서도 느낄 수 없는 독특한 정취를 더해 준다. 흐린 하늘 덕분에 더 까맣게 보이는 다양한 모양의 검은색 돌들이 계속해서 이어진다. 사실 라이딩에는 이런 날씨가 최고다. 작열하는 태양 아래서의 페달링은 쉬이 지치게 한다. 또한, 의도적인 수분 섭취는 자꾸 라이딩을 더디게만 한다.

내친김에 고산기상대로 오른다. 가파른 언덕이다. 수월봉이라 불리는 이곳에서 바라보는 풍광이 멋지다. 옆에서 아들내미는 오르는 길이 전혀 수월하지 않았는데 무슨 수월봉이냐고 투덜댄다. 성산과 대척점에 있는 서쪽이기에, 일몰과 달을 바라볼 수 있는 최적의 장소로 수월정이라는 정자도 있다. 물론 이런 곳에는 애틋한 전설이 깃들어 있기 마련이다. 유람선이 떠 있던 차귀도가 멀리 눈에 들어온다.

금방이라도 비가 쏟아질 것 같은 날씨가 이리 고마울 수가 없다.

　나아갈 길에는 안개가 짙게 끼어있다. 만약 지금 당장 안개 속을 뚫고 라이딩해야 한다면? 생각만 해도 곤혹스럽다. 미지의 것, 알 수 없는 어떤 것의 돌출이 염려되는 것이다. 바다에서 내륙으로 밀려오는 미세한 물방울들의 군무를 본다. 잠시 쉬기로 한다. 마실 것을 선택하여 각자의 방식으로 휴식을 취한다. 짙고 뜨거운 커피를 옆에 놓고 이어폰을 꽂는다. 흐르는 음악은 6개의 그노시엔느6Gnossienne.

　짐노페디Gymnopedies라는 곡은, 제목은 정확히 생각이 나지 않더라도 누구나 첫 소절을 들으면, 아! 하고 기억해 내는 작품일 것이다. 그렇게 에릭 사티의 곡은 한번 들으면 쉽게 잊히지 않는다. 정형화된 고전 음악과는 궤가 다른 것은 당연하고, 기괴함으로 무장한 곡들이라고 혹평을 받는 현대의 음악과도 대조적이기 때문이다. 그만큼 독특

하다는 것에 대한 반증일 것이다. 요즘의 대중적인 음원들은 엄청난 게인과 템포로 무장한다. 처음 몇 초의 시선을 붙들지 못하면 청자들은 금세 훌훌 날아가 버리기 때문이다. 그런데 그의 곡들을 녹음한 음반들은 작은 볼륨에 한참이나 귀를 기울여야 한다. 흔히 접하는, 대세로 자리 잡은 곡들과 한참이나 동떨어져 있는 것이다.

사티의 곡을 들으면 누구나 몽환적이라고 말한다. 몽환적! 마치 꿈을 꾸는 듯하다라는 표현일 것이다. 음반이 재생되는 머릿속에 안개가 짙게 끼어있다. 그 안개는 바람에 따라 부분적으로 옅어지기도 하고 다시 짙어지기도 하면서, 그곳에 무엇이 있는지 맞히어 보라는 수수께끼 놀이를 걸어온다. 그런데 이러한 느낌이 나쁘지 않다. 느긋이 앉아 무심히 있으면 되는 것이다. 그래서 사티의 음악은 눈을 감고 들어야 한다. 몸을 살살 흔들어 주면서, 그렇게 즐기면 되는 것이다. 그의 음악을 들으면 신비스러운 느낌이 스르륵 밀려온다. 그리고 자꾸 듣다 보면 그 안에 뭔가 재미있고, 비밀스러운 것을 숨겨 놓고 찾아보라는 것은 아닐까? 그것이 그의 방식으로 툭툭 던져지는 유머는 아닐까 싶어 기분이 좋아지게 된다.

작곡가는 마음의 소리를 오선지에 그려 넣는다. 음표들의 모임이 선율이 되고 감동이 되는 것이다. 그런데 궁금했었다. 그가 의도하는 소리는 몇 가지 안 되는 각각의 음표들로 딱딱 정확하게 분절되어 나타내어지고 있는 것일까? 그리고 그것이 가능한 것일까? 마치 디지털처럼. 그러면 0과 1 사이에 0.3이나 0.85 같은 소리는 어떻게 표현해 내는 것일까? 이는 연주자의 몫으로 그 여지를 남겨 놓은 것일까? 그래서 같은 곡에 대해서 그렇게 많은 이의 연주가 존재할 수 있고, 모두 각각 다른 감동을 나누어 주는 것일까? 아마도 음악 연주에는 각자의 호흡으로 숨 쉴 수 있는 여백이 주어지나 보다. 그리고 사티의 음악에는 더 큰 자유가 내재되어 있는 것 같다.

그래서일까 사티의 음악은 청자에게는 좋지만, 연주자에게는 곤혹스러울 듯하다.

Tres luisant - 매우 광택 나게

Sur la langue - 혀 위에서

Postulez en vousmen - 자기 자신에게 의뢰하는 느낌으로

Du bout de la pense - 사고의 저편에서

De manière à obtenir un creux - 공허함을 얻을 수 있도록

Très perdu - 매우 혼란스럽게

이렇듯 그의 악보에 표현된 악상 기호에는 혀를 내두를 내용들이 즐비하다. 도대체 이것을 어떻게 연주하라는 것인지. 그런데 경지에 오른 연주자라면 오히려 이런 애매한 악상 기호 표현을 반길 듯도 하다. 작품을 분석적으로 해석하는 것이 아니라 그의 감성을 따라 동행해 가는 것, 그저 사티가 만들어 놓은 길을 따라 기분 좋게 흘러가는 방식으로 말이다.

알렉상드로 타로라는 피아니스트도 이렇게 말한다.[42]

"사티는 해석되지 않는다. 그는 거부 속에서 스스로를 해방한다. 우리는 사티를 얘기하지 않는다. 그가 하도록 내버려 둔다. 우리는 아무것도 하지 않는다. 조금이라도 해석할 의도를 비치면 그는 움츠러들고 무대 뒤로 달려가 숨는다. 무대 위에서는 애정을 갖고 그에게 다가가야 한다. 그리고 그가 쓰다듬어주기만을 기다리는 겁먹은 강아지처럼 다가올 때까지 기다려야 한다."

그렇구나, 강아지가 되어야 하는 거였다.

이제 주변을 충분히 식별할 수 있어 출발한다. 멀리 산방산이 보인다. 오늘은 안개라고 할지 구름이라고 할지 뿌연 암막으로 정상 부분이 가려져 있다. 신비감마저 깃든다.

물론 이곳도 화산 활동의 결과물이지만 다른 곳에서 보는 것과는 느낌이 확연히 다르다. 그만큼 한번 보면 잊을 수 없는 모습이다. 외형은 마치 투구처럼 생겼다. 중세시대 기사들이 쓰던 눈과 입만 빼고 완연히 가려진, 치열함과 충직함이 배어나는 투박한 모양이다. 조면암이라 불리는 암석으로 된 거대한 돌덩어리 몸체의 용암 돔인 산방산은 지금껏 보아온 화산암들과 색깔이 다르다. 제주도의 돌 하면 검은색이 떠오르지만, 이곳은 다르다. 그래서 더 특별한지도 모르겠다. 산방산 생성 과정에 대한 자료를 보면 초기 화산 활동에서 현재에 이르기까지 지난한 세월의 흐름, 현재도 계속해서 온몸으로 만들어 가는 변신의 오묘함에 놀란다.

오늘은 유난히 짙은 구름이 중턱부터 가득 차 있다. 이곳을 자전거
로 오른다. 허벅지가 터져 오르는 사투는 무의미하다. 이제는 자연에
맞서는 혈투를 즐기기보다는, 그 흐름에 맞추어 가는 것이 편하다. 사
실 대단한 레이싱이나 미션을 수행하는 것도 아닌데, 전투적으로 임
할 이유도 없는 것이다.

먹는다는 것은 중요하다. 특히 이번 원정팀 멤버들은 모두가 먹는
것에 일가견이 있다. 어떤 선입관이나 개인적 감정을 대입하지 않고

특별히 금기시하는 것을 제외하고는 그 종류를 가림 없이 즐긴다는 의미다. 그래서 제주도의 평범한 듯 비범한 먹거리를 찾는다.

기름진 등 푸른 생선 중 대표 격인 고등어는 성질이 급한 생선의 대명사이기도 하다. 잡히자마자 죽는다는 것을 의미하고, 그때부터 부패가 시작된다. 그래서 고등어는 비린내가 심한 생선이다. 이러한 고등어를 회로 먹는다는 것은 생소한 일이었다. 회는 신선함이 생명이므로 물고기가 살아있음이 전제되어야 하기 때문이다. 최근에는 양식 기술이 발달하여 신선한 고등어를 회로 먹을 수 있는 기회가 대중화되었다. 고등어는 감칠맛과 고소함이 뛰어나다. 쫀득한 식감은

덜하지만, 별미로 내놓기로는 안성맞춤이다. 그러나 섬뜩하게 들릴지 몰라도, 기름기가 많은 방어를 비롯하여, 미나리 같은 채소 등 모든 날것을 입에 넣는 행위에는 기생충에 대해 대범함이 필수일 것이다. 그래도 라이딩에 지친 팀에게 색다른 체험이 필요하다는 명분은 유효했다.

제주도의 특산물 중 하나가 보말이라고 불리는 바다 고둥이다. 이것으로 국물을 내어 만든 칼국수가 유명한 집이 있다. 이후에도 근처에 가면 들르는 곳이었는데 이제는 너무 유명해져서 번호표를 받아서 먹어야 하니 아예 포기했다. 라이딩 후 먹은 보말 칼국수의 맛을 지금도 잊지 못하고 있다. 국물을 좀 남겼더니 "면을 남기고 국물은 다 드시라"라고 하시던 주인아주머니가 생각난다. 걸쭉한 진국이었던 국물, 지금도 그립다.

제주도에는 말이 많다. 그래서인지 말고기도 먹는다. 문득 태국이 생각났다. 집단으로 사육하는 농장에서 가까이 볼 수 있었던 흉측함의 상징인 악어, 그 고기가 식용으로 식탁에 오르는 것에 경악했었다. 이뿐이랴 오스트레일리아의 우아한 레스토랑 메뉴에 생뚱맞고 당당하게 랭크되어 있는 캥거루 스테이크는 또 어떠랴. 이렇게 하다가는 중국의 야시장 이야기까지 끝도 없이 나올 듯하다. 인간이 먹지 못하는 것이 무엇이 있으랴마는 그래도 말은 어색하다. 그런데 그 어색함이 호기심으로 무장해제 되었다. 달달하고 고소하게 무쳐진 육회, 두툼하게 썬 회, 돈까스에 비견되는 마까스, 갈비찜, 스테이크, 샤부샤부 등 그 끝을 알 수 없는 베리에이션에 놀란다. 재료를 밝히지 않는다면 아무런 생각 없이 먹게 될 공산이 크다. 그만큼 자연스러웠다. 베지테리언Vegetarian이나 더 나아가 비건vegan들은 비난의 소리를 한 바가지 쏟아 낼 것이 틀림없다. 사실 소나 말의 선한 눈망울을 보면 미안해지는 것은 사실이다. 반려 동물이라는 말이 이제는 정형화된 표현이 되었다. 반려 식물을 넘어 반려 석까지 나왔다. 그 상업화의 끝은 어디일까. 그래서 더 이상은 거론하지 말기로.

자전거를 타다 보면 종종 낙차 사고를 경험하게 된다. 대부분이 방심 때문이지만 낙차의 결과는 온몸으로 받아내야 한다. UCI 프로 선수들도 빈번히 경험하는 것을 보면 구력과 자전거 타는 기술로 면제되는 것은 아닌 듯싶다. 머리를 제외하고는 특별한 안전 장비를 갖추지 않기 때문에 타박상과 찰과상은 자전거를 타는 사람들의 훈장이 된다. 이번 원정은 성산을 얼마 남기지 않은 표선에서의 낙차 사고로 일단락되었다. 내리막에서 아차 하는 순간에 발생한 사고였다.

일반 평지에서 라이더가 자력으로 낼 수 있는 최고 속도는 55km/h 정도로 알려져 있다. 그런데 생사를 판가름하는 중요한 기술은 필요할 때 제대로 정지할 수 있는가이다. 달릴 수 있도록 고안된 모든 장치들에서 숙명처럼 맞닥뜨리는 문제인 것이다. 관성과 마찰력과의 상관관계가 부상 정도는 물론이고 삶과 죽음의 경계를 결정짓기도 한다.

자전거에는 바퀴마다 브레이크가 있다. 바퀴의 림에 직접 마찰을 일으키거나 바퀴에 부착된 별도의 디스크에 마찰을 발생시켜 바퀴의 회전 속도를 늦추게 된다. 앞바퀴에만 브레이크를 작동시키면 앞바퀴가 피봇 지점이 되면서 심한 경우, 라이더가 자전거에서 이탈하여 전진 방향으로 공중으로 날아가게 된다. 일명 잭나이프Jackknife 현상이다. 뒤 브레이크만 작동시키는 경우는 앞과 뒤 모두 작동시키는 경우에 비해 보통 60% 수준의 제동력을 확보하는 것으로 알려져 있다. 특정 조건에서의 실험을 보면 최고 속도의 15% 수준까지 제동될 때까지의 시간이 49% 수준으로 떨어지는 경우도 있다. 이러한 결과들은 노면 조건 등 여러 가지 변수들의 영향이 반영되어 결정된다.[14, 43]

사실 자전거에서 가장 무서운 상태는 앞뒤 바퀴가 브레이크에 의해 모두 잠겨버리게 되면서 타이어와 도로 표면 간의 직접적 마찰로 미끄러지는 경우이다. 이때는 완전히 정지할 때까지의 불안정한 구간 동안 라이더의 통제가 불가능하기 때문이다. 그야말로 아찔한 시간들이 이어지는 구간이 되는 것이다.

다행히 큰 상처 없이 찰과상으로 끝나게 되었다. 그동안 별다른 활동이 없던 보급팀이 제 역할을 하게 되었다고 자찬하는 여유가 있을 만큼. 간단한 치료와 파상풍 주사를 맞고는 나머지 코스 종주를 마무리하려고 했었다. 그런데 자전거를 다시 보는 순간 그러고 싶은 마음이 싹 가시는 거였다. 이번이 마지막도 아니고 종주할 기회는 또 마련할 수 있으리라는 생각에 라이딩의 추억은 여기까지로 마무리하였다.

우선 숙소로 정한 성산으로 향한다. 이른 라이딩의 종료로 시간 여유가 생겼다. 부대시설들을 활용할 겸 팀원들은 바쁘다. 물과의 접촉을 피해야 하므로, 덕분에 호젓한 시간을 가지게 되었다. 혹시나 해서 가져왔던 책을 꺼내 읽는다. '음악에 관한 몇 가지 생각.' 쉽게 읽어 나갈 책이려니 하고 제목과 얄팍한 분량에 안심하며 가져온 것이었다. 그런데 쉽게 읽히지 않는다. 나름대로 정독이 필요하다. 그래도 놀라운 내용을 접하며 평소에 궁금했던 생각들이 정리되었다.

작곡가는 떠오르는 악상을 오선지에 기록한다. 작곡가의 이 원본은 여러 가지 이유로 필사되고 일부는 출판사에 보내져 출판의 결과물로 만나게 된다. 연주자들은 출판된 악보를 기준으로 곡을 해석하고 연주한다. 그런데 원본, 필사본, 출판본 등 여러 판본들에는 일체의 오류가 존재하지 않는 것일까? 있다면 어떤 것이 진본이라는 완전체에 가까운 것일까?

가져온 책의 저자인 니콜라스 쿡은 베토벤의 교향곡과 같은 주력

레퍼토리에서조차도 이런 어려움이 있다고 한다.[41] 그리고 그가 들려주는 예는 가히 충격적이기까지 했다.

> "놀랍게 들리겠지만, 초기 판본들에 끼어있던 어처구니없는 오류들, 예컨대 조판공이 오선지에 음표를 잘못 놓은 바람에 생겨난 심한 불협화음을 연주자들이 경외심을 갖고 그대로 연주했던 그 오류들을 다 수정한 최초의 판본이 지금 이 글을 쓰고 있는 오늘날에야 나오기 시작하고 있다. 조너선 델 마가 최근에 내놓은 〈9번 교향곡〉의 판본은 가장 상상력 넘치고 창의적인 몇몇 순간들이 실은 인쇄공의 오류 때문이었다는 당혹스러운 사실을 보여준다."

이러한 결과는 역설적으로 베토벤이기에 더욱 가능한 일인지도 모른다. 그의 위대함에 비추어 볼 때 의도되지 않은 한 점의 흠결도 존재하지 않으리라는 과신. 그 수준에 미치지 못하는 범인이기에, 이해할 수 없는 내용과 부분에 대해서는 저 너머 세상에 대한 자신의 무지함 탓으로 돌리는 맹신. 어찌 베토벤의 음악에서만이겠는가.[25]

어쩌면 이러한 신격화나 고도의 변용이 과거의 일이나 비상식적인 나라에서만 이루어진다고 생각할 수 있다. 그러나 미디어와 네트워크 시스템이 발달할수록 사람들을 기만할 수 있는 가능성은 그만큼 커진다고 한다. 미국의 2016년 대통령 선거 과정에 대한 다큐멘터리들을 보면 많은 것을 생각하게 한다.

"오늘날과 같은 총체적 프로파간다의 시대에는, 직접 목격한
   사람의 증언을 통하지 않고는 허위와 은폐의 가면을 벗길 길
   이 없다."

테렌스 데 프레Terrence Des Pres의 말조차도 퇴색되어 간다.[30] 앞으로
그 누구도 자신의 잘못을 자인하는 우를 범하지 않으리라. 이렇게 교
육되는 세상, 미래의 위선과 그 섬뜩함이 두렵기까지 하다.

믿고 싶은 대로만 보고, 듣고 그래서 공고화된 생각을 넘어 강철
같은 믿음으로까지 되어 버린 현실은 그 언젠가 전체는 아니더라도
부분 부분 민낯을 보여 줄 때가 되어서야 달라질 수 있을까.

부르크너를 생각해 본다. 소심해서였는지 작품의 완성도를 높이려
는 의지가 강해서였는지 많은 개작을 통해 그의 작품에는 유독 많은
판본이 존재한다. 그래서 연주된 음반에는 사용한 판본이 명시되어
있다. 그런데 다시 생각해 보면, 청자들로 하여금 많은 선택의 기회를
부여받게 해 줌으로써, 작품에 대한 유연성이 오히려 돋보이는 것은
아닐까. 어차피 정답이 없는 것이니 다양성을 존중하는 것이 좋은 방
법이라고 현명하게 강변하는 것 같다.

제주에는 여기저기 울렁이는 많은 둔덕이 있다. 이것을 오름이라
고 부른다. 언덕에 올라야 하니 '오름'이라고 한 것일까? 부르기도 좋
고 듣기에도 좋은 명칭이다. 이러한 오름이 제주에는 '300개가 넘는'
보다는 '400개에 가까운'이라는 표현이 더 어울릴 정도로 많다.

성산 근처의 용눈이 오름에 오른다. 동쪽에 있어서인지 일출을 보기 좋은 곳으로 알려져 있다. 하긴 성산일출봉에 비하면 오른다는 표현이 쑥스럽긴 하다.

용눈이 오름의 인기 비결은 이처럼 낮고 완만한 능선이지만, 일단 정상에 서면 걸출한 풍광을 즐길 수 있다는 것, 바로 그 점인 것 같다.

가까이로는 바다와 어우러진 성산일출봉을, 멀리는 푸른 하늘과 어우러진 아득한 한라산을 볼 수 있다. 제주도의 대표적인 상징물을 모두 담아낼 수 있는 것이다. 주변으로는 '기생 화산구'라는 명칭인 오름의 여러 군상들을 덤으로 즐기며 바라보게 된다.

이것이 제주도의 매력이리라. 중앙의 한라산 하나만 삐죽이 서서 모두 평정해 버린 완만함이 아니라, 구불구불 계속해서 이어지는 삼차원의 입체감. 그래서 가는 곳마다 신선함을 부여해 주고 그것을 찾아온 보람을 느끼게 해주는 곳.

비록 그 둘레가 240㎞ 정도밖에 되지 않는 섬이지만 올 때마다 새록새록 볼 것들이 이어지는 마성의 섬인 것이다.

대기 중에 모든 한기가 사라지고,

맑은 하늘 아래서 콧잔등에 땀이 송골송골 맺히는 때가 오면,

청보리 일렁이는 제주를 그린다.

그리고 그럴 때면,

테오도르 쿠렌치스Teodor Currentzis의 지휘하에

무지카 에테르나MusicAeterna가 연주하는 음반을 듣는다.

말러의 교향곡 6번이다.

많은 연주들이 있지만, 굳이, 이 음반이어야 한다.

'비극적Tragic'이란 부제가 붙은 이 곡을,

그들은 역설적으로,

인생은 그렇게 비극적이지 않다고 토닥거리는 듯하다.

그래서 불어나는 마음의 여유로움에,
귀한 시간을 내어 달렸던 그 여정을,
다시금 보듬어 보게 되는 것이다.
감사함으로….

08

파로호 산소 100리길 · 화천

🚦

　　고백하건대 이 책의 제목처럼 변방 순례를 떠나도록 부추긴 '주역'은 바로 이곳이다. 언뜻 본 사진 한 장이 시작점이었다. 그 모습에 이끌려 먼 길을 쉼 없이 달려오게 되었던 것이다. 도로 사정은 열악했다. 그만큼 이곳은 아주 먼 끝자락으로 여겨졌다. 지금은 그나마 도로의 상태와 연계가 몰라볼 정도로 매끄러워졌지만. 그래도 그때의 감정 그대로를 옮겨 적어보려 한다. 가슴속 가득 담아갔던 서정적 풍경과 더불어.

　　서울에서 출발하여 가는 것으로 검색해보면 선뜻 발걸음을 옮기기에는 엄두가 나지 않는 거리다. 특히, 당일로 왕복해서 갔다 온다고 생각하면 부담이 가중되는 것이다. 차량을 직접 운전하여 간다고 해도 경춘고속도로와 중앙고속도로 그리고 국도를 이용하여 2시간 하고도 50분이라고 검색되는 먼 곳이다. 방문 당시 마을에는, 철도 연장 개설을 요구하는 제법 많은 현수막이 걸려 있었다. 그리고 '교통의 오지'라는 표현이 강렬하게 기억 속에 자리 잡았다. 자기 차량을 이용하여 오는 것도 수월치 않건만, 대중교통을 이용한다는 것은 보통 마음가짐으로는 힘들겠다는 생각이 들었다. 문자 그대로 '마음을 다잡고 가보자' 해야 가능할 것 같았다. 이처럼 대중교통으로의 접근성이 현저히 떨어지는 지역이다 보니 장점도 있다. 때 묻지 않은 곳, 상대적으로 청정지역으로 보존될 수 있었다는 점일 것이다.

단위 지역만으로는 발전의 한계가 명확하기 때문에, 지역 활성화를 목표로 전국의 많은 지자체들이 고장의 특색을 살려 각종 축제를 개최하고 있다. 화천도 예외는 아니어서, 청정수에 사는 어종인 산천어를 내세워 해마다 '산천어 축제'를 열고 있다. 이러한 축제를 통해 지역 개발에 대한 단기적인 동력은 쉬이 얻을 수 있겠지만, 마치 메뚜

기 떼가 휩쓸고 간 들판처럼 그 후유증도 꽤나 클 것이라 생각된다. 청정지역의 이미지가 계속 이어질 수 있도록 잘 관리되기만을 바랄 뿐이다.

화천군청이 위치한 화천읍은 물의 고장이다. 그 중심부에 북한강의 젖줄이 흐르고 있고 상류에는 커다란 호수가 있다. 이 호수는 인공 호수로 1943년 화천댐과 화천 수력발전소가 건설되면서 만들어졌다. 북한강 물길을 따라서 자전거 도로가 멋지게 조성되어있다. 이를 '파로호 산소 100리길'이라 부른다. 파로호는 동쪽으로 양구까지 이어지며 지류는 북으로 이어져 평화의 댐과 만난다.

화천의 자전거길을 검토해보고, 그 이미지에 매료되어 굳은 마음을 먹고 실행에 옮기게 되는데 만도, 제법 시간이 걸렸다. 그만큼 부담이 큰 곳이었다. '이번에는 반드시 가보는 거야' 결심하며 자전거의 출발점으로 화천체육관을 선정하였다. 넓은 주차장까지 갖추고 있어, 베이스캠프로는 적격이었다.

산소 100리길

새벽잠을 깨우며 알람이 "이제 출발합시다" 하고 힘차게 알린다. 덕분에 새벽의 도로를 달리는 상쾌함을 만끽하였다. 시내 도로에서도, 러시아워의 분주함과 답답함은 온데간데없었다. 부지런함에 대한 보상이다.

도시를 벗어나 달리는 고속도로는 드라이빙의 재미까지도 선사해 준다. 오히려 자꾸만 힘이 들어가는 액셀러레이터 발길을 자제하느라 애쓰며 간다. 이제야 여기저기 남아있던 새벽잠의 찐득함이 깔끔하게 씻겨나가며 기대감으로 환치되는 것이다.

도착한 체육관 근처에 여학생 축구부가 머무는 숙소가 있는지, 이른 아침, 단체로 이어지는 그들의 재잘거림이 앞으로의 라이딩을 더욱 들뜨게 해준다. 모시고 온 자전거를 꺼내어 분리했던 바퀴를 제자리에 세팅하고, 가슴 가득 신선한 공기를 채워 넣는다. 그리고 출발이다.

처음 만나는 자전거길은 오래된 시멘트 길이었는데, 자전거길 좌, 우로는 수풀이 제법 길게 자라서 아무도 없는 중앙의 노란 선을 밟고 달렸다. 바로 옆에는 깊이를 알 수 없는 물길이 이어진다. 화천 도심을 벗어나며 비릿한 물 내음이 콧속을 채운다.

자전거길을 가다가 불현듯 만나게 되는 커다란 철문에 놀랐다. 다행히 문은 열려있지만, 이곳부터는 비포장의 흙길이 기다리고 있다. 문 옆에는 나무판에 이런저런 내용을 적은 이정표가 서 있다. '수달과 자전거와 도보 탐방길'이라는 명칭이 붙어 있다. 그려진 수달을 보니 매우 날렵하게 생겼다. '날렵한 물속 사냥꾼'이라는 이름이 붙어 있음을 보니, 그 특징을 최대한 살려 그려낸 모양새다. 수달에 대한 간략한 특징이 작은 그림들과 함께 쓰여 있는데, 앞발과 뒷발의 발자국 생김새까지 필요한 내용은 모두 있다는 사실에 놀란다. 왠지 여기에서는 천연기념물이라는 수달을 실제로 만날 수 있을 것 같다. 맑고 깨끗한 이곳에서는 그네들도 흔쾌히 새끼들을 키우며 살아갈 수 있지 않을까, 하는 확신에 찬 기대에 기분까지 좋아진다.

오랜만에 밟아 보는 흙길의 느낌이 좋다. 전면에는 자전거를 끌고 가라는 표지가 있다. 문득 친구들 모임에서 "이제는 좀 하라는 대로 하면서 살자"라는 뜬금없는 말로 파안대소하게 했던 그의 얼굴이 떠올랐다. 그래 그동안 얼마나 많은 고뇌의 몸짓이 필요했던가. 그런데 시간이 흘러 바로 지금 그 위치에 서 있는 거였다. 경청해야 하는 자로서. 가정에서나 사회에서나 듣고 수용하며 현명하게 함께 나아갈 그 자리에. 그렇다. 앞으로는 함께 만들어가는 투명하고 개방된, 상식적인 사회 구조 속에서 살 수 있기를 원하는 것, 그것이 모두의 소박한 바람이었는지도 모른다.

기분 좋은 오솔길 라이딩을 하라고 유혹하듯 진입하는 부분의 표면 상태는 아주 좋다. 좌우로 나무들이 제법 무성한 고즈넉한 숲길이다. 그러나 자전거에서 내려 끌고서 길을 간다. 마주 오는 사람과 만날 때 그가 느낄 위험을 알기 때문이다. 때로는 사람 통행이 빈번한 등산로에서 자전거를 타는 사람들을 만날 때도 있다. 물론 요철이 심한 비포장 상태를 즐길 수 있는 장비가 잘 갖추어진 자전거들이다. 그

들에게는 스릴 넘치는 라이딩이겠지만 등산로를 걷는 사람에게는 폭
주하는 두려움의 대상인 것이다. 즐김은 배려가 전제되어야 함을 배
운 덕분이다.

숲길은 조용히 이어진다. 길은 전형적인 산길의 모습을 보인다. 튀
어나온 돌, 나무뿌리, 파인 구덩이 덕분에 끌고 가는 자전거가 통통
튄다. 그래도 나무와 이름 모를 식물 줄기들로 둘러싸인 자그마한 길
을 걷는 것이 좋다. 풀 내음 가득한 입자의 홍수 속에 흠뻑 젖어 앞으
로 나아간다.

짧지 않은 숲길이 끝나고 시야가 넓어지면서 예상하지도 못했던
다리가 나타난다. 물 위에 끊김 없이 이어지는 좁은 다리가 마음속을
신비로움으로 가득 채운다. 다리 위를 몇 걸음 걸어본다. 이제 자전

거는 애꿎은 짐 덩어리가 되어 버렸다. 이 길은 오롯이 걸어야만 하는 길인 것이다. 숲에서 길게 연장되는 다리로 한 걸음 한 걸음 조심스럽게 걷는다. 불어오는 미풍에 옅은 안개가 퍼져간다. 저 커브를 돌면 어떤 모습이 펼쳐질까 숨죽여 바라본다.

> "그 모퉁이 너머에 뭐가 있는지 저도 몰라요, 하지만 가장 좋은 것이 있다고 믿을 거예요… 그 길 너머로 또 어떤 길이 이어질지, 어떤 초록빛 영광과 다채로운 빛과 그림자가 있을지…."

중년이 된 아내가 여전히 좋아하는 '빨간 머리 앤.' 다리 사진을 본 후, 앤이 말하는 길모퉁이bend에 대한 대사를 떠올려 보내주었다.

얼마 지나지 않아 시야가 완전히 트이며, 나타나는 풍광에 넋을 놓는다. 바로 이것이었다. 여기까지 이른 새벽길을 마다치 않고 달려오게 한 것이. 망연히 서 있다가 우선 소중한 추억을 간직하는 가장 깊숙한 서랍에 이 모습을 조심스럽게 포개 넣는다. 그리고 다시금 이 자리로 돌아와 비경을 가슴 속 가득 풍성히 담아내리라 다짐하면서 순례길을 이어간다. 가장 좋아하는 부위를 차마 입에 넣지 못하고 한쪽 곁에 아껴두는 질박한 마음으로.

강변을 따라 이어지던 다리의 끝자락에는, 강을 가로질러 건널 수 있는 또 다른 다리가 손짓한다. 다리의 중앙은 불룩하게 솟아있다. 아마도 배가 지나갈 수 있는 수로이리라. 중앙 양측으로는 계단이고

가운데는 자전거를 굴려 올라갈 수 있도록 편평한 길이다. 만든 이의 세심함에 놀란다. 다리는 물 위에 아무런 기초 없이 떠 있다. 강의 수위에 영향을 받지 않는 구조다. 부유하는 다리인 셈이다. 그래도 생각보다 견고하다. 오히려 좀 흔들림이 있으면 재미있었겠다는 아쉬움이 들 정도이다.

흔히 만나게 되는 다리와는 완전히 다른 이런 발상을 누가 했을까? 그리고 그 실행을 결정한 사람은 누구일까? 사실 창의적 사고는 그 아이디어 자체보다도 그것을 받아들일 수 있는 조직, 구조의 뒷받침 아래에서만 결과물로 만개할 수 있음을 안다. 대부분 경직된 문화에 부딪혀 좌절되는 경우가 허다하기 때문이다. 아마도 화천군은 자연만큼이나 열린 사고의 고장임에 틀림없을 듯하다.

왠지 뒤뚱거려야 할 것 같은 다리를 건너면 말끔하게 포장되어 너무도 시원스럽게 조성된 자전거길이 나타난다. 자전거 전용 하이웨이인 셈이다. 뒤에서 시끌벅적한 인기척에 한쪽 옆으로 비키니 보기 드문 주황색 물결이 줄지어 온다. 자전거부대라고나 할까. 인근 군부대의 아침 운동 시간인 듯하다. 지휘관이 아주 현명한 사람인가 보다. 휘하 장병들의 체력 단련을 근사하게 진행하고 있으니. 아들 가진 부모들 모두의 바람처럼, '건강하게 그들의 품으로 돌아가리라' 축복해주었다. 그들의 땀 맺힌 짧은 머리가 신선한 아침 공기를 가른다.

기분 좋은 아침 바람을 맞으며 자전거길을 따라 계속 가다 보면,

예사롭지 않은 다리가 나온다. 살펴보니 이름도 재미있는 '꺼먹다리'라고 한다. 꺼먹다리는 문자 그대로 까만색 다리라는 의미다. 콘크리트로 만든 교각 위에 철 구조물을 설치하고 목재로 다리 상판을 연결하여 만들었다. 목재의 내구성을 높이기 위해서 코르타르를 덧칠해 놓았다. 옛날 철도 레일을 받치는 받침목에도 이처럼 코르타르를 칠하는 경우가 많았다. 코르타르의 색은 끈적한 검은색이다. 그래서 이 다리는 까만색의 묵직한 느낌을 주는 모습이 된 것이다.

어디서도 만나본 적이 없는 꺼먹다리를 자전거를 타고 건너간다. 자전거 바퀴가 쩍쩍 달라붙을 것 같은, 그러나 너무도 매끄럽게 굴러가는 다리. 이곳에서 만나는 다리들은 저마다 그 독특함에 즐거운 추억을 선사하고 있다. 강을 넘어간다. 몇 번이고 다시 해보고 싶은 재미있는 경험이다. 다리를 건너면 작은 도로를 만난다. 한적하고 시원한 바람으로 둘러싸인 바람길이다. 차량 통행은 전혀 없다. 빈번한 통행로가 아닌 듯하다. 이 길을 계속 달리면 화천댐에 이르게 된다. 초행길임에도, 생각보다 자전거길의 동선이 길지 않다고 느껴짐은, 방해받지 않는 라이딩의 혜택인 셈이다. 이제 자전거길의 반대편 종점을 향해서 간다. 화천댐으로 생긴 담수를 이용해서 전력을 생산하는 발전소를 만나게 된다. 예상보다 규모가 그리 크지 않은 화천 수력발전소의 드러난 원통형 수로가, 그 역할을 조용히 강변하고 있다.

아름답다고 탄복하는 주변 경관을 어깨에 두르고 자전거길을 다시 달린다. 멀리 '숲으로 다리'와 도강용 부교 그리고 해바라기가 만개

한 밭도 있다. 뭔가 어색하지만 그래도 경작용 밭이라고 부름이 맞을 듯하다. 그러고 보니 식물이 완전히 정지해 있는 것이 아니라, 더디더라도 움직일 수 있다는 사실을 처음 알게 해준 것이 해바라기였다. 그 이름의 유래를 알고 무척이나 재미있어했었는데, 그때가 까마득해져 버렸다. 비록 인위적 조경이지만 군락을 이룬 것을 보니 마음도 노랗게 생기를 얻는 듯하다. 보기에도 좋고, 씨앗을 손쉽게 수확할 수 있는 해바라기는 영양가 많은 결실을 풍부하게 선사해 주기에 사랑받는 작물에 포함되었으리라.

벌과 꽃은 꿀을 매개로 한 상생의 관계임을 보여주는 사례가 있다. 꿀벌에게 해바라기 향이 나는 먹이를 지속적으로 공급하며 양육하고, 그 벌통을 해바라기 농장에 놓은 결과, 일반 벌들과 비교해 해바

라기 씨의 수확량이 평균 45% 정도 증가했다는 연구 결과가 발표된 것이다. 다른 꽃으로 날아가지 않고 해바라기를 선호하도록 하는 꿀벌의 후각 기억이 장기 보존된 결과라는 의미인데 흥미로운 연구다. 앞으로 선호 작물에 특화된 맞춤형 꿀벌도 가능해지지 않을까? 그러면 좋아하는 사과도 좀 더 풍성히 즐길 수 있기를 기대해 본다. 그렇다. 후생가외後生可畏.

해바라기는 또한 고흐를 떠오르게 한다. 빈센트 반 고흐Vincent van Gogh. 그의 작품들과 그에 관한 이야기들은 2017년 개봉한 '러빙 빈센트Loving Vincent'라는 영화에 고스란히 녹아있다. 고흐의 작품만큼이나 독특한 제작 방식으로 이루어진 이 영화를 보며, 그 창의성에 찬사를 보냈다. 100명이 넘는 화가들이 2년 넘게 그린 유화로 애니메이션 영화를 만들 생각을 어떻게 할 수 있었을까? 도로타 코비엘라Dorota Kobiela 감독의 초기 구상부터 완성까지 10년이라는 세월이 소요되었다는 것은 그만큼 영화적 결과물을 내는 작업이 복잡하다는 방증일 것이다. 그럼에도, 덕분에, 상상하지 못했던 눈의 호사를 누릴 수 있음에 고맙기까지 했다.

계속해서 자전거길을 달리다 보면 붕어섬과 만나게 된다. 진입하는 다리 입구 양편에는 커다란 붕어 두 마리가 서 있다. 말 그대로, 서 있는 붕어. 위락 시설이 있는 유원지 개념의 섬이지만 자전거로 둘레길을 달려볼 수 있다.

하남면 연꽃단지에서 화천댐까지 이어진 화천 자전거길은, 이처럼 곳곳에 비경이 펼쳐지고, 눈요깃거리도 넘쳐난다. 물론 가장 재미있는 것은 강을 가로지르는 다리를 건너는 것이다. 부교pontoon bridge는 문자 그대로 물 위에 떠 있는 임시 다리다. 이런 종류의 다리로 가장 유명한 것은 인도 갠지스강에 설치하는 다리로 알려져 있다. 종교적 이유로 1월 중순에서 3월 초까지 약 1억 명의 사람들이 갠지스강의 상암 지역을 방문한다고 한다. 이때 무려 20여 개의 부교를 설치하는데 강철로 만드는 폰툰의 크기를 비롯해 그 규모가 엄청나다고 한다. 1억 명의 이동. 그들의 인구 규모에 비하면 소소한 것일까? 우리네 명절 때, 이동의 규모를 생각해 보면, 인구 대비 비율로 환산할 때 새삼 대단함을 느낀다. 선한 민족이다!

이제 마무리를 하기 위해, 출발지였던 체육관 주차장을 향해서 다시금 또 하나의 다리를 건넌다. 수면과 같은 눈높이로 이어지는 좁은 다리이다. 이 부교도 중앙 부분이 볼록하게 솟아있다. 그런데 계단이 없다. 가운데 부분에만 있었던 편평한 부분이 전체로 이어져 있는 것이다.

갑자기 뒤에서 "잠깐만이요"라는 소리가 나서 비켜서며 돌아보았더니, 다리 저편에서 한 청년이 자전거를 열심히 달리기 시작한다. 그리고 씩씩하고 아슬하게 중앙부의 언덕을 타고 넘어간다. 그의 등에는 해냈다는 쾌감이 펄럭인다. 역시 젊음은 좋은 것이다. 이런저런 생각 없이 단번에 부딪혀서 해내는 실행력. 문득 니진스키가 했다는 말이 생각났다.

"아주 쉽습니다. 그저 공중에서 조금만 더 오래 머물러 있으면
되는 거예요."

마치 중력을 거스르는 것처럼 그리고 다시는 땅에 내려오지 않을
것처럼 높이 도약하는 발레 기량을 칭찬하는 말에 대한 러시아의 천
재적인 발레리노 바츨라프 니진스키Vatslav Nizhinskii의 답변이었다.

그렇다. 다리를 올라가다가 멈추게 되는 일이나, 다리 정점에서 비
틀거려 강물에 빠지게 되는 일 따위는 걱정할 필요가 없는 거였다. 그
저 힘차게 달려 언덕을 넘어가기만 하면 되는 것. 그것만 생각할 수
있음이 부럽기까지 하였다.

귀갓길에 파로호를 보기로 한다. 가파른 461번 국도를 굳이 자전
거로 올라 볼 수도 있지만, 동선을 아끼기로 하였다. 안보전시관을 지
나 좌회전하면 시야에 파로호가 들어온다. 선착장이 있고 차량이 다
수 주차되어 있다. 이곳에서 출발하여 저 멀리 평화의 댐까지 갈 수
있는 듯하다. 그동안 얼마나 많은 논란의 중심에 있었던가. 언젠가 기
회가 되면 배를 타고 그곳에 가보고 싶다.

꿈꾸던 곳

그렇게 가슴 설레게 하였고, 순례길 내내 마음속에 아껴두었던 '숲으

로 다리'로 돌아온다. 그리고 다리에 소슬하게 서서 물안개 자욱한 수면을 바라본다.

이어폰에서는 베르너 토마스 미푸네Werner Thomas-Mifune가 연주하는 첼로 소품집의 작품들이 흘러나온다. 첼로는 사람의 목소리와 가장 닮은 악기라고 하였던가. 지금 이곳에 가장 잘 어울리는 악기로, 심금을 울리는 연주에 심취하고 있는 것이다. 이 앨범에는 친숙한 곡이 들어있다. 오펜바흐가 작곡한 Les Harmonies des bois, Op. 76 : No. 2라는 곡이다. 즉, 숲의 하모니라는 제목의 모음곡 중 3번째 곡이다. 원래의 제목만으로는 생소할 뿐이다. 그러나 이 곡에는 '재클린의 눈물Les Larmes de Jacqueline'이라는 부제가 붙어 있다. 한 번 들으면 잊히지 않는 선율의 곡이다. 오펜바흐의 알려지지 않았던 이 작품을 베르너 토마스가 음반에 발표하면서, 특히 국내에서 큰 사랑을 받았고, 지금까지도 꾸준히 관심받고 있다. 첼로와 오케스트라를 위한 연주는 제법 많으며, 장한나의 연주도 손꼽힌다. 지금 듣고 있는 베르너의 연주는 특히, 저음이 풍성해서인지 더 애절하게 느껴진다.

곡의 부제 때문에, 마치 개인적 헌정의 대상이리라 여겨질 수도 있는, 동명의 재클린 뒤 프레Jacqueline Du Pre는 영국 출신의 첼리스트로, 사후에도 이처럼 사랑받는 첼로 연주자는 없을 것이다. 그녀는 '다발성경화증'이라는 희귀 질병으로 안타깝게도 42세의 나이로 요절하였다. 피아니스트이자 지휘자인 다니엘 바렌보임이 그녀의 남편이었는데, 재클린의 발병과 투병 그리고 사후에 보인 그의 행적은 늘 비난의 대상이 되고 있다. 십 대에 이미 첼로 연주의 재능을 인정받았고, 존 바비롤리John Barbirolli와 녹음한 엘가 첼로 협주곡 음반은 지금까지도 최고의 음반으로 손꼽히고 있다. 폭발적인 인기를 구가했던 재클린, 그러나 그녀도 뛰어난 재능을 이른 나이에, 그것도 희귀병으로 접어야 하는 비극의 주인공이 된 것이다.

그녀가 엘가의 곡을 녹음할 때 사용했던 첼로는, 그 유명한 '다비도프'이다. 이탈리아의 악기 장인인 안토니오 스트라디바리우스Antonio Stradivarius의 작품으로, 그의 유명한 작품에 으레 붙는 애칭처럼, 이 첼로에는 러시아의 전설적인 첼리스트였던 카를 다비도프Carl Davidov의 이름이 붙어 있다. 스트라드라 불리는 스트라디바리의 작품들은 그 뛰어난 소리가 신화화되어 회자되곤 한다. "스트라디바리만이 나이팅게일 새가 앉아서 노래한 나무를 악기의 재목으로 사용했다"라고 하는 멋진 수식어와 함께.[36, 47]

수많은 예술가들이 나이팅게일의 소리에 반하여 다양한 작품들을 만들어 내었는데, 그중에서도 앙드레 류André Rieu의 나이팅게일 세레나데Nightingale Serenade를 들어보면 그 수식어의 의미를 금방 알게 된다.

지금도 스트라드는 바이올린, 비올라, 첼로 연주자들에게는 꿈에도 그리는 선망의 악기인 셈이다. 그래도 모든 것을 만족시킬 수는 없는지, 재클린도 나중에 이탈리아 베네치아의 프란체스코 고프릴러

Francesco Gofriller가 만든 첼로를 사용하였고, 다비도프의 현재 소유자인 요요마도, 베네치아의 명장인 몬타냐나Domenico Montagnana의 1773년 제작품과 병행해서 사용한다고 한다. 제작된 지 300년이나 되는 목제 악기가 아직도 현역으로 활동하는 것도 놀랍지만, 바니시varnish는 물론이고 악기 제작 시의 원형originality이 어느 정도 남아있는지 가늠할 수 없음에도 불구하고, 지금까지 그 특별한 소리에 찬사가 끊이지 않는다는 것은 더욱더 오묘한 일일 것이다.[36, 47]

그런 면에서 보면 피아노는 연주자 모두에게 공평한 악기인지도 모른다. 극히 일부 연주자가 자신이 애착하는 피아노를 콘서트홀로 이동시켜 연주하는 유별난 경우를 제외한다면. 청자의 입장에서는, 음향과 악기 특성이 천차만별인 각양각색의 연주회마다, 난관을 극복하고 최고의 결과를 이끌어내는 것이야말로 거장의 면모로 여겨지는 것이다. 그런데 콩쿠르같이 단기간의 경쟁 부문에서는 '피아노처럼 주어진 악기를 사용하는 것이 더 객관적이지 않나?' 하는 생각이 들 정도로, 현악 분야에서는 그만큼 출발점이 다르다고 불평할 수도 있을 듯하다. 물론 심사 위원들은 정확하게 그 실력을 판별해 낼 수 있겠지만.

오펜바흐의 미발표곡이었던 이 작품이 재클린의 스토리와 연결되면서 많은 사람들에게 큰 감동을 주며 재탄생한 것은 반가운 일이다.

이 곡을 들으며 다시금 생각해 본다. 얼마나 많은 사람이 과욕으로 인하여 말년에 오명을 뒤집어쓰며, 그동안의 삶 전체를 부정당하는 일이 빈번하던가. 그러니 사후에도 이렇게 계속해서 뜨거운 사랑을 받는 그녀는 결코 짧은 삶만을 영위했던 것은 아닌 듯하다.

볼수록 아름다운 정경.
어디를 찍어도 작품이 되는
참으로 아름다운 곳.
다시금 이곳을
가슴에 꾹꾹 눌러 담는다.

이렇듯,
주말은 꽉 짜인 루틴에서 벗어나
감사하게 주어지는 여백이다.
이른 새벽 종소리와 함께,
그 귀한 시간을
소박한 카덴차로 변주하여
채워나가고 싶은 것이다.
지음 받은 자연 속에서
오롯이 영혼의 소생함을
인도받기 위하여.

204
205

09

내밀히 간직하고 싶은 비경 · 덕풍계곡

강원도는 맑음의 상징이다. 그만큼 손때 묻음이 적다는 방증이리라. 산악지역이 차지하는 면적이 넓다 보니 인구 밀도가 낮다. 특정 지역을 제외하고는 상주하는 인구가 적어서 청정성이 유지되는 것이다. 그러나 이 표현은 과거형이 되어가고 있으며, 그 유효성도 점점 희박해지고 있다. 수시로 많은 이들이 청정을 찾아 날아들어 짧은 시간에 강렬한 흔적을 남기고 떠난다. 그 축적은 자체 회복의 주기를 초월한 지 오래며, 자정 능력을 한참이나 앞질러 가버리곤 한다. 그래서 자꾸만 맑음을 찾아 더욱더 깊은 곳을 향해서 들어간다. 쉬이 발길 닿기 어려운 곳이 선망의 지점이 되는 것이다.

여름의 강렬한 태양에 지칠 대로 지쳐 가을이 간절히 그리워질 때면, 태백을 떠올린다. 좀 더 일찍 가을과 만날 수 있기 때문이다. 산길

로 이어지는 국도를 타면 설익은 가을과 동행할 수 있다. 그러면 군데
군데 바람이 빠져나가 늘어져 있던 사지에 어느덧 슬금슬금 생기가
돋아난다. 이런저런 번호가 붙여진 이곳의 국도들은 낯선 지명을 가
리키며 서로 얽혀있다. 엉킨 실뭉치처럼 종잡을 수 없는 혼돈 속에서
도, 그 실타래를 천천히 풀어가면 의외의 장소를 만나게 된다.

태백에서 38번-427번-416번 국도를 번갈아 타고 가다 보면 '풍
곡'이라는 곳에 이르게 된다. 그리고 이 풍곡 마을에서 시작하여, 안
쪽 깊숙이 자리 잡은 덕풍 마을까지 이어지는 계곡을 '덕풍계곡'이라
고 부른다. 마음이 풍요롭고 인덕이 넉넉한 고장이라는 느낌을 준다.
이미 알만한 사람은 다 아는 유명한 곳이라는 의미인지, 주차장이 넓
게 잘 갖추어져 있음에 놀랐다.

주차장에서 안으로 들어서는 계곡 진입로 지역은 이미 충분히 개
발되어있었고, 매년 여름철에는 물놀이로 계속해서 피서객들을 유혹
할 것이며, 계곡을 흐르는 청정수를 모아 어린이들의 천국으로 변모

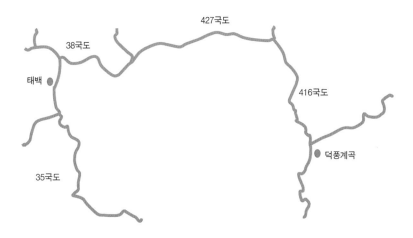

하게 될 터이다. 자그마한 튜브를 타고 물을 튀기며 시끌벅적 떠들어 대는 아이들. 입술이 파래질 때까지 물속을 휘저으며 부모의 웃음과 걱정을 끌어내리라.

계곡 입구에서부터, 끝자락에 위치한 덕풍 마을까지는 차량으로 이동할 수 있는 도로가 있다. 입구에서 덕풍 마을까지의 실제 거리는 10km에도 미치지 못하는 짧은 구간이다. 도로의 좌우로는 가파른 산이 두르고 있다. 덕풍천이라 불리는 물줄기를 곁에 끼고, 길이 고즈넉하게 이어진다. 도로는 통행하기에 부족함이 없이 포장되어 있다. 물론 편도 통행에 한해서다. 다행히 곳곳에 차량 2대가 서로 교행할 수 있는 구역이 있기는 하다. 그래도 자동차로 이 길을 가기에는 마음이 편하지 않을 듯하다. 맑고 깨끗한 이곳을 화석 연료의 배설물로 더럽힌다는 것이, 마치 새하얀 눈밭을 흙발로 이리저리 휘저어 놓는 것 같아서다. 그래서 길도 과거처럼 차량용이 아니라 도보로 가야 하는, 소로이어야 함이 맞을 듯하다. 길옆에 적요하게 이어지는 계곡 지천은 너무도 맑아서 바라보고만 있어도 체내의 모든 불순물들이 씻겨 나가는 듯하다. 실제로 이 계곡물에는 청정수의 상징인 산천어, 버들치들이 살고 있으며, 생태 보호 지역이기도 하다.

찬란한 햇빛 아래 다디단 공기를 마음껏 마시며 페달을 밟아 나간다. 이마에 송골송골 맺히는 땀방울에 그늘 안으로 들어서며, 시원하게 생수로 목을 축인다.

수많은 제품에는 각자의 특징들이 있다. 그것을 소비자에게 각인시키는 것이 마케터의 궁극의 목표일지도 모른다. 다른 어떠한 특징도 기억나는 것이 없는데 오직 오묘한 색깔로 금방 눈길을 사로잡고, 머릿속에 확실히 자리 잡은 자전거가 있다. 꽃이 만발하는 봄이나 강렬한 빛깔의 단풍에 물든 만추가 아니라 지금처럼 가을의 문턱에 잘 어울리는 색감이라는 생각이 드는 것이다. 그래서일까 '이곳에서는 바로 이 자전거를 타야 하지 않을까?' 하는 생각이 든다. 에두아르도 비앙키Edoardo Bianchi가 만든 이탈리아 자전거 브랜드인 비앙키이다. 옆으로 지나가면 기분 좋게 뒤까지 돌아보게 만드는 이 컬러를 누가 만들어 냈을까? 그의 탁월한 감각에 찬사를 보낸다.

그런데 언제부터인가 이 자전거를 보면 파가니니Niccolo Paganini가 떠오른다. 언제 읽었는지 그 시기는 기억나지 않지만 토비 페이버의 '스트라디바리우스'라는 책의 영향이다. 그 책에는 이런 내용이 나온다.[36]

비앙키는 파가니니의 연인이었고, 오스트리아 빈에서 보내온 연주 초대를 끝까지 설득하여 동행했던 인물이었다. 사실 그때까지 파가니니는 국내에서만 활동하여 이탈리아 밖으로는 처음 벗어나는 연주 여행이었던 것이다. 그럼에도 자칭 음악의 중심으로 자부하던 빈에서, 엄청난 흥행의 돌풍을 일으켰다. 당시 연주를 빠짐없이 모두 본 슈베르트는 "천사의 노래를 들었다"라고 했고 한 비평가는 "파가니니는 음악계에 기적적으로 출현한 존재처럼 우리 앞에 서 있다"라고 했다니 빈 사람들의 열광적인 환대를 짐작해 볼 수 있다.

그러나 정작 비앙키 그녀는 그에게 철저히 외면당하다가 6개월 만에 쓸쓸히 곁을 떠나야 했으니, 안쓰럽기까지 하다. 파가니니는 바이올린 연주의 역사를 다시 쓴 인물로 그려진다. 개인의 기량이나 성취와 인격 사이의 상관성은 사실 모호하다. 오히려 그 괴리가 극심했던 대표적인 인물이 파가니니로 알려진 것이다. 연주자로서는 현란한 테크닉으로 온갖 찬사를 불러일으킨 그였지만, 현실에서는 난봉꾼, 철면피 등의 꼬리표가 붙어 다니는 것을 보면 씁쓸할 뿐이다. 그래서인지 비앙키라는 자전거의 컬러가, 아들까지 낳아주고도 버림받았던 동명의 그녀와 오버랩되어, 마음속에 고적하게 남아있는 것인지도 모르겠다.

길을 따라 가을로 들어간다. 페달을 밟는 숫자만큼 가을이 조금씩 깊어지는 것 같다. 옅게 물들기 시작한 단풍의 색이 투명하다. 머리 위로 낙엽이 날린다. 하늘하늘 떨어지는 잎들이 마치 나비들의 군무처럼 출렁인다.

도심을 떠나 자연에 발을 내디디면 친숙하게 다가오는 생명체가 있다. 그리고 탄성과 함께 경이로움으로 바라보게 된다. 누구에게나 환한 미소로 환영받는다. 바로 그 대상은 나비이다. 우아한 몸짓으로 살랑거리며 허공을 부유하는 나비의 정체는 무엇일까? 시인이었던 헬무트 폰 쿠베는 이렇게 표현한다.[58]

"개미들은 열심히 뛰어다니며 무언가를 끌고 다니고… 벌레들은 무슨 큰 목적이 있는 것처럼 땅을 파고 굴을 만든다. 반면에 나비는 하는 일이 없다. 그저 어딘가에서 두둥실 춤을 추며 와서 어딘가로 두둥실 춤을 추며 가고, 몸을 까딱거리며 쉬면서 꿀을 빨다가는 살랑거리는 바람에 몸을 맡겨 살며시 떠올랐다가 다시 장난기 어린 가벼운 날갯짓으로 어딘가에 내려앉는다. 마치 공기처럼. 찰나처럼… 나비는 이 꽃에서 저 꽃으로 날아다니기만 할 뿐 꿀을 모으지 않는다. 한마디로 게으름뱅이 방랑자다."

아하! 우아함과 화려함의 상징인 나비의 정체는 한량이었던 것이다. 그동안 베짱이만 하릴없이 노니는 한량이라는 오명을 쓰고 있었는데, 이제야 나누어 가지게 되는 것이다.

더 나아가 '헤세가 들려주는 나비 이야기'의 엮은이인 폴리 마헬스는 다음과 같이 나비의 민낯을 표현했다.[58]

"움직이지 않고 볼품없는 알은 따스한 햇볕에 부화되어 애벌레로 성장한다. 굼뜨고 게걸스럽기만 할 뿐 아름다움과는 별 상관이 없어 보이는 이 애벌레는 번식에 대한 걱정 없이 오직 배만 채우고 적으로부터 몸뚱이만 지키면 된다. 그러다 다시 겉으로는 전혀 움직임이 없고 단단한 껍질로 무장한 별 볼 일 없는 번데기 상태로 복귀하고, 거기서 마침내 성체, 즉 나비가 나온다."

그는 여기에서 그치지 않고 더 폄하한다.

"나비는 특이한 색과 무늬로 천적의 관심을 날개로 돌려 부서지기 쉬운 자신의 몸을 보호한다. 이유는 단 하나다. 나비는 지루하기 짝이 없는 변태 과정에 비하면 놀랄 만큼 짧은, 오직 번식에만 초점을 맞춘 마지막 성장 단계이기 때문이다"

생태적 관점에서 보면, 나비는 다음 세대의 존속에만 초점을 맞춘 그 일생의 끝자락에 다다른 존재라는 말이다. 그래서일까 그들의 찰랑거리는 비행이 측은하기까지 하다. 잠자리처럼 빠르지도 못하고 풍뎅이처럼 요란하지도 않다. 하물며 모기도 앵앵 소리를 내건 만⋯.
화려함으로 폭발하는 나비의 마지막 여정이 안타까워서였을까? 시인 쿠베는 다음과 같이 나비에 대한 애정을 나타내었다.[58]

"나비 한 마리가 지구의 무게를 상쇄한다. 나비를 보고 있노라
면 모든 무거움과 물질이 무화된다."

수집가이자 열렬한 나비 예찬론자이었던 헤르만 헤세는, 그의 많
은 작품 속에 나비를 등장시킨다. '작은 도시에서'라는 작품에는 다음
과 같은 애정 어린 글귀가 있다.[58]

"나비의 날개를 보고 있으면 수년 전부터 자신에게서 빠져나
간 것이 순간적으로 다시 돌아오는 느낌이 들었다. 그것은 자
연 대상에 대한 아이처럼 순수한 희열이자, 자연 대상을 사랑
하고 정확히 이해하는 순간에나 발견할 수 있는 일체감과 창
조의 예감이다."

그가 쓴 나비라는 제목의 시에서는 헤세의 마음이 더 절절히 전해
진다.

은빛 언덕 위에서
붉은 눈 선명한
은빛 날개로
어딜 가려는 거니?

충만한 기쁨 얻으러

오색찬란한 삶과 죽음으로 가지

오, 하나님이 내게 선사하려 한 게
그렇게 아름답고 짧은 생이었구나

천천히 이어지던 페달링에도 어느덧 덕풍 마을 입구에 다다른다. 덕풍 마을은 겨우 10여 가구 남짓 되는 호젓한 마을이며, 난방도 전통적인 땔감 나무를 이용하던 오지마을이었다고 한다. 그도 그럴 것이, 계곡을 따라 깊숙이 이어지는 길을 좇아 20리도 넘는 거리를 걸어서 들어와야 만날 수 있는 은닉된 고을이었을 테니, 그 존재가 드러난 것만도 비밀 사전의 한 페이지를 풀어낸 것 같으리라.

덕풍 마을의 끝에서 계곡 물길을 따라 내륙 안쪽으로 좀 더 깊숙이 들어가면 용소골이 나온다. 용소는 3 지역으로 구성되어, 제1 용소, 제2 용소, 제3 용소로 이어진다. 총 길이는 10여 km 정도에 이른다. 오로지 물길을 따라 도보로만 갈 수 있는 이곳은, 청정 자연을 만끽할 수 있는 천연의 트래킹 코스로 유명해졌다.

최근에는 방송에도 빈번하게 소개되곤 하는데, 급속히 확장되는 캠핑 붐과 맞물려 청정 자연이 훼손될까 봐 우려된다. 덕풍 마을의 홈페이지에는 '전국 유일의 플라이 낚시터 운영'이라는 문구가 있다. 영화의 한 장면을 연상시키며 가슴을 설레게 한다. 그러나 태산 같은 격정도 동반되는 것이다.

자전거를 돌려서 길을 되돌아간다. 제법 길게 느껴졌던 길이 점점 더 짧아져 간다. 그 사이 눈에 익숙해진 덕이리라. 아쉬움에 가던 길을 멈추어 흐르는 계곡의 물소리를 가슴속 가득 담아낸다.

그리고 그랜트 그린Grant Green의 'Idle moments'를 찾아 재생한다. 영롱한 피아노 소리에 어우러진 그랜트 그린의 기타 소리가 나른함을 더한다. 언제 다시 이곳에 오게 될까? 하는 생각에 아예 자리를 잡고 앉았다.

이제 모든 시간의 흐름이 멈추어서는 것이다. 그리고 하나의 문이 열리면서 그동안 어수선했던 자아가 제자리를 찾아 정좌하고, 고요함 속에 평안함을 얻는 것이다. 이 곡을 다시금 들어본다. 조 헨더슨Joe Henderson의 색소폰 선율이 오늘따라 더 묵직하게 가슴을 울린다.

기량이 출중한 재즈 뮤지션 들 중에는 흑인이 많았다. 이보다는 재즈의 주류는 흑인이고 백인이 그 길에 편승한 것이라 말할 수도 있겠다. 그런데 그들 상당수가 술과 마약에 찌들어 살았고, 다수가 일찍 생을 마감하곤 하였다. "전 세계 어디를 가나 예술가로 대접받고 하물며 한 나라의 국왕과도 식사했거늘 이놈의 미국에만 돌아오면 나는 또 깜둥이인 거다." 어디에선가 읽은, 재즈의 한 획을 그은 마일스 데이비스조차도 해야 했던 이런 푸념은, 당시의 상황을 극명하게 반영하는 것일 터이다. 무대에서의 존재감과 현실 일상 사이에는 너무 큰 괴리가 존재했기에, 환각 속으로 도피하곤 했는지도 모른다. 그러나 그들을 르상티망ressentiment에 푹 잠긴 패배자로 쉬이 매도할 수는 없을 것이다.

"…특히 흑인들의 마음에 깊숙이 자리 잡은 피로감, 작은 실망을 무수히 겪으면서 품게 된 냉소주의라고 했다. 나는 그게 뭔지 알았다. 그것은 억울하고 쓰라린 마음, 믿음을 잃어가는 마음이었다. 나는 그런 감정을 내 이웃과 가족에게서 보았다. … 그것은 그분들이 살면서 수없이 목표를 포기하고 억지로 타협하느라 생겨난 감정이었다. … 자기 집 잔디를 더 이상 깎지 않는 이웃들, 자녀들이 방과 후에 무엇을 하고 쏘다니는지 더는 신경 쓰지 않는 이웃들에게도 있었다. … 해가 채 지기 전부터 바닥을 보이는 술병마다 있었다. 자기 자신을 포함하여, 사람들이 고칠 수 없는 문제라고 체념해버린 모든 것 속에 있었다."

미셸 오바마의 회고록 BECOMING에서 말하는 것처럼[28] 이것이 인종적 요인 때문이라면, 그것이 가장 큰 이유라면 어떨까? 당사자들에게는 그보다 더 큰 비극이 어디 있단 말인가. 그것이 꼭 흑인에게만 국한된 것도 아닐 터이고.

"내 환경을 감안하자면, 도전은 내가 할 수 있는 최선이었다." 그래도 미셸은 포기하지 않고 최선을 다해서 결국 프린스턴의 담쟁이넝쿨 담장 안으로 들어갈 수 있었다. 다행히도 그녀의 시대에는 과거처럼 거의 완벽하게 닫혀있는 것이 아니라 이 정도의 문틈은 열려 있는 것이었는지도 모른다. 하지만 그 문틈을 통과하려면 자신을 온전히 불태울 만큼의 열망이 있어야 했으리라.

"… 초등학교 2학년 때 연필이 마구 날아다니는 혼돈의 교실에서 보냈던 한 달 남짓의 시간을 돌아보았다. 결국 어머니가 수완을 발휘하여 나를 그곳에서 빼냈을 때는 행운에 안도하는 마음뿐이었지만, 이후 그 작은 행운이 차츰 눈덩이처럼 불어나는 걸 겪으면서 그때 관심도 의욕도 없는 선생님과 함께 교실에 남은 약 20명의 친구들을 더 자주 떠올렸다. … 내게는 그저 지지자가 있었을 뿐이다. … 특히 내가 지금의 내가 되는 과정에 잔인한 무작위성이 개입했었다는 사실을 모르는 사람들이 나를 칭찬할 때면 더 그랬다. … 이제 나는 행운 못지않게 결핍 역시 처음에는 아무리 작더라도 눈덩이처럼 빠르게 불어날 수 있다는 사실을 알았다."

버락과 미셸 오바마의 노력에는 그 누구와도 견줄 수 없는 각고의 시간이 동반되었을 것이다. 그런데 그 와중에도 이런 마음의 여유로움이 있었다는 사실에 놀란다.

"자신의 비전 중 일부라도 언젠가는 빛을 보리라는 희망을 집요하게 품었다. 그때부터 벌써 많은 공격에 시달렸지만, 개의치 않았다. 체질인 듯했다. 그는 두드려 맞아서 움폭움폭 파였어도 변함없이 반짝반짝한 낡은 구리 냄비 같았다."

2009년 미국 대통령 선거. 결국 그들은 해내었다. 선천적으로 구별 지어짐의 삶. 그것을 숙명으로 살아야 했고 지금도 그 구별을 받아들여야 하는 바로 그곳에서 말이다. 그러나 그것을 극복하고 현재에 이른 것은 아무리 담담히 이야기하더라도 '기적적'이라고 밖에는 할 수 없으리라.[29]

Idle moments를 다시 들어본다.
음악 그리고 기억.

이 두 가지가 유기적으로 결합되었을 때 보다, 가슴을 더 강렬하게 타오르게 하는 것이 또 어디에 있으랴. 지금 이곳에서 나를 둘러싸고 있는 것들, 자그마한 조약돌 하나조차도, 귓전을 흐르는 이 음악과 하나 되어 언젠가 극적으로 되살아나리라.

가을.
인생에서도 맞이하는 가을이다.
지금까지와는 또 다른 변화들로 이어지리라.

그러나 너무 무겁지 않게,
한걸음 또 한걸음,
새로운 문을 열며 나아갈 수 있기를 소망해 본다.

맑은 비브라톤 소리를 담아….

10

핀란디아의 감성, 그 잔향을 담다 · 충주호

△

　　　　　　그때였다. 레코드에 바늘을 얹고 흘러나오
는 선율이 온몸을 휘감았다. 시작하며 울리는 장중한 금관의 포효 그
리고 팀파니와 함께 폭발하는 도입부는 숨을 쉴 틈조차 주지 않고 밀
려왔다. 머릿속으로는, 앨범 재킷의 사진으로 연상되는 광활한 자연

의 모습이 마치 상공에서 촬영된 것처럼 입체적으로 그려지는 거였다. '핀란디아'Finlandia, Op. 26. 몇 년 후에나 겨우 해외여행 자유화라는 이름으로 족쇄가 풀렸지만, 나라 밖으로의 나들이는 언감생심이던 시절, 시벨리우스Jean Sibelius와 함께 북유럽은 그렇게 다가왔다.

충주호를 그리다

언제였을까?

카라얀Herbert von Karajan이 베를린 필하모닉 오케스트라Berlin Philharmonic Orchestra를 지휘하여 녹음한 음반 표지와 오버랩 되면서, 충주호를 자전거로 두루 살펴보고 싶다는 생각이 혹하고 머릿속에 들어왔다. 이후로도 이 생각은 떠나지 않고 자리를 잡고 앉아 가끔 멍하니 그 장면을 떠올리게 하는 거였다. 충주호에 대한 아무런 사전 지식도 없이, 울창한 산림과 어우러진 커다란 호수 근처를 자전거 타고 둘러보는 모습에 어느덧 익숙해지기까지 했다. 이름 그대로 충주 근처에 있는 호수이니 충주에 가서 보면 되리라, 이런 막연함 속에 한참의 시간이 흘러갔다.

어느 날 불현듯 '그래! 이제 가야 할 때가 되었다' 하는 느낌이 강하게 나를 흔들었다. 그리고는 지도를 검색하기 시작했다. 실소를 금치 못하게 된 것은 그리 길지 않은 시간이 흐른 후였다. 충주호의 규모는 상상을 초월했다. 이 정도로 방대할 줄은 생각지도 못했으니 그 무지

함이란. 충주와 단양 사이에 어마어마한 품새로 자리를 잡고 있었던
것이었다.

남한강은 단양과 제천을 거쳐 충주를 지나게 된다. 충주댐은 남한
강이 좁아지는 하류 지역인 충주시의 동량면 조동리와 종민동을 가
로지르는 위치에 건설되었다. 그래도 그 길이는 447m에 이르고 높이
도 98m에 다다른다.

댐이 건설되면서 기존에 강이 흐르던 유역은 광범위하게 물에 잠
기게 되었다. 충주, 단양, 제천으로 이어지는 지역에서 발생된 수몰 이
주민만 5만여 명에 이르렀다고 하니, 그 여파에 놀랄 뿐이다. 평생을
살아온 터전을 하루아침에 잃게 된다는 것, 그 상실감은 본인이 아니
고서는 감히 헤아릴 수도 없으리라.

김훈의 소설 '개'에는 이런 절규하는 장면이 묘사되어 있다.[3]

"이놈들아, 난 못 간다. 난 내 고향에서 물에 빠져 죽을란다.
가장자리가 벌써 물에 잠기기 시작한 배추밭에 주저앉아 주인
할머니는 배추포기를 쥐어뜯으며 울었다. 늙은 할머니는 울음
소리도 메말라서 목구멍이 찢어지듯이 끼룩끼룩했다."

발전이라는 명분 아래 이루어지는 개발의 이면에는 이렇듯 가슴
저린 사연들이 묻히고 있었던 것이다.

충주댐에 저장된 담수의 양은 27억 5천만 톤이라고 한다. 2,750,000,000. 전혀 가늠할 수 없는 양이다. 그냥 숫자에 불과할 뿐 그 어떤 의미로도 다가서지 못한다. '박사가 사랑한 수식'이라는 소설 은, 단지 80분 동안만 유지되는 기억을 가진 수학 교수였던 박사와 가사 도우미인 '나' 사이에 일어나는 일들을 묘사한 내용이 쓰여있다. 제목처럼 숫자와 관련된 갖가지 이야기들이 불쑥불쑥 튀어나온다. 그중 다음과 같은 이야기가 눈길을 끈다.[22]

220 280 두 개의 숫자를 칠판에 쓰고 박사가 묻는다.
"어떻게 생각하나?"
그저 숫자에 불과한 것을 나는 군이 이렇게 풀어 말한다.
"양쪽 다 세 자리 수고…. 음…. 비슷한 숫자 아닌가요? 큰 차 이는 없는 것 같은데요. 가령 할인 마트의 고기매장에서 다짐 육 220그램짜리 팩하고 284그램짜리 팩은 큰 차이가 없잖아 요…."
박사는 관찰력이 뛰어나다고 칭찬한다. 직감으로 숫자를 파악 했다고.

이처럼 숫자는 실생활의 경험과 매칭될 때 의미를 갖게 되는 듯하 다. 앞서 제기한 27억 5천만이라는 숫자는 화폐로서는 실감할 수 있 을지 모르겠지만, '톤'이라는 단위를 가지는, 그것도 물의 양으로서는, 무심히 마시는 커피 한잔의 용량조차 정확히 모르는 우리네에게는 막연할 뿐이다. 아주 특수한 경험을 소유한 사람만이 직감적으로 파악할 수 있는 양일 것이다.

소설 이야기를 좀 더 부연해서 쓰면, 수학자였던 페르마, 데카르트도 단지 한 쌍씩밖에 발견하지 못했다는, '우애수'에 대한 예였다. 즉, 220의 약수의 합이 284이고 284의 약수의 합이 220인 한 세트에 관한 이야기였으나, 더 이상은 복잡함의 세계이므로 이쯤에서.

지도를 보며 라이딩 루트를 구상해 본다. 당일 일정으로 서울 출발 –라이딩–서울 복귀의 코스를 짜는 것이 무척이나 어렵다. 특히 자가 차량으로 이동 후 단독 라이딩을 해야 하므로 많은 것을 포기해야 한다는 것이 아쉽다. 제천시 금성면에 있는 야구장에서 출발하여, 82번 국도를 타고 청풍대교와 내륙 코스를 지나 36번 국도와 옥순대교를 건너 호반 코스를 따라 원점 복귀하는 루트로 고려했다. 소요 시간은 약 4시간 정도로 예상하였다.

새벽잠을 툭툭 털어내며 아침 5시 40분 출발한다. 목적지가 제천시에 위치하고 있으니, 영동고속도로–중앙고속도로를 거쳐 3시간 가까이 걸린다. 멀다 참으로. 그나마 출근 시간의 혼잡을 피했을 때 이 정도이니. 당분간은 엄두도 내지 못하리라.

초행길이므로 청풍대교까지의 코스를 점검하고자 82번 국도로 차량 답사를 한다. 길을 따라가며 간간이 보이는 충주호는 기대치를 점점 높여 주고 있었다. 그런데 이 도로를 막상 지나며 보니 이런저런 문제점들이 눈에 띄는 것이었다. 왕복 2차선 도로는 업다운의 연속이면서 생각보다 커브도 심하고 차량 통행도 빈번한 편이다. 단체로 라이딩을 한다고 해도 제법 신경을 써야 하는 코스다.

주행할 코스를 고려하며 언제나 우선되어야 하는 것은 안전이다. 도로에서 자전거는 최약자임을 항상 명심하고 있다. 자전거로 속도를 내는 것은 생각보다 쉬워서 일단 굴러가기 시작하면 금방 일정 속도까지 다다를 수 있다. 그래서 이런 수월성을 극대화하여 내리막길에서는 담력만 있으면 된다고 오판하기 쉽다. 그러나 자전거의 원리를 조금만 생각해 보면 곧 소심한 라이딩을 자처하게 된다.

자전거가 굴러가는 것은 마찰 덕분이다. 마찰의 정도는 도로의 표면 상태에 좌우된다. 다행히 양호한 아스팔트라 하더라도 내리막길은 또 다른 고려 요소들이 있다. 자전거의 바퀴 폭은 좁다. 특히 고속 질주용 로드 사이클은 매우 좁다. 도로와 타이어의 접지 면적은 주행 안정성에 큰 영향을 주게 된다.

특히나 커브에서는 그립력과 더불어 횡 방향 거동까지도 고려해야 하기 때문에 복잡해진다. 프로 선수들조차도 커브 길에서는 순식간에 사고로 이어지는 것을 심심치 않게 보게 된다. 하물며 아마추어인 우리네에게야. 가끔 무지함에서 오는 만용의 처참한 결과가 보도되곤 한다. 보통의 라이더들은 내리막에서 한계 속도에 대한 감이 떨어지기 때문에 아차 하는 순간에 큰 사고로 이어지게 된다. 자동차도 마찬가지이지만 능란한 라이더를 자처할수록 커브 길에 능숙하게 대처할 수 있는 역량은 필수적인 것이다.

코스 답사 후, 단독 라이딩을 해서 출발지점으로 복귀해야 하는 한계를 고려해 보니 루트에 대한 고민이 깊어졌다.

피오르드를 엿보다

청풍대교를 건넌다.

청풍. 예사롭지 않은 단어다. 청풍문화재단지라고 쓰여 있는 장소에 차를 세우고 다리를 바라본다. 안개가 자욱하게 피어올라 어우러지는 다리의 모습이 여러 생각을 끌어낸다. 물안개가 어스름하게 덥힌 충주호는 어떤 모습일까, 무척이나 궁금해졌다. 이를 확인하는 가

장 좋은 방법은 위에서 내려다보는 것일 터이다. 계획을 변경해 본다. 충주호 전체를 보는 방법으로 우선 호수로 둘러싸여 있는 비봉산에 올라 주변의 자태, 그 전체를 살펴보기로 한다. 그리고 나서 충주호와 맞닿은 도로를 라이딩하면서 눈높이에서의 비경을 바라보기로 결정했다.

우선 비봉산에 오르기로 한다. 다행히 산 정상까지는 모노레일로 연결되어 있다. 오전 9시. 이른 아침인데도 불구하고 주차장에는 차량이 제법 많다. 매표소에서는 표를 끊고 탑승하기까지 40여 분을 기다려야 한다고 한다. 부지런한 사람들이 이토록 많은 것이다. 모노레일 차체는, 의자가 플라스틱으로 되어 있고 간단한 형태의 허리벨트만으로 연결하도록 되어 있는 개방형 구조이다. 이때까지만 해도 대수롭지 않게 생각한 모노레일이었다. 그저 간단한 루트로 이어지리라 생각했다. 안내원 말로는 정상까지 23분이 소요된다고 한다. 3분의 시간 단위까지 정확하게 알려주는 것이었다.

출발하고 서서히 경사를 올라간다. 그런데 시간이 지날수록 올라감이 예사롭지 않다. 앞자리에 앉아 신나게 노래 부르던 아이가 뚝 하고 노래를 멈춘다. 그리고는 긴장감 때문인지 조잘조잘 점점 더 말이 많아진다. 그러더니 일순간 조용해졌다. 경사가 무척이나 심해진 것이다. 거의 수직에 가까워진 느낌까지 든다. 공사 기간에만 2년이 소요되었다고 하니 과장은 아닌 것 같다.

덕분에 너무도 쉽게 정상에 올랐다. 정상에는 패러글라이딩을 위한 활강장이 있다. 이곳에서 바람을 타고 하늘을 나는 기분은 어떨까? 언젠가 모터보트에 연결된 낙하산을 타고 바다 위를 날아 본 기억이 난다. 가장 스릴 넘치는 순간은 이륙 직후, 그 이후 몇 분간이었던 것 같다. 발이 지면에서 떨어지는, 중력을 거스르는 바로 그 순간의 전율. 가장 익숙한 땅으로부터의 괴리. 바로 그 찰나의 공포심이 의외로 절정의 순간이었던 것이다.

눈앞에 장관이 펼쳐진다. 불현듯 노르웨이의 절경, 피오르드Fjord의 모습이 그립게 다가왔다. 언제쯤 가슴 가득 담아올 수 있으려나. 혹자는 그랜드 캐니언Grand Canyon, 브라이스 캐니언Bryce Canyon, 나이아가라 폭포Niagara Fall, 이구아수 폭포Iguazu Falls 등 굵직한 대자연의 경관을 부러워하며 조야한 국토에 아쉬워한다. 물론 대단한 볼거리임이 틀림없다. 그에 비하면 소소한 풍경이라 할지라도, 이 땅에 아름답게 수놓아져 있는 다채로운 모습 또한 대견하고 함께 할 수 있음이 감사할 뿐이다.

오늘은 안개가 뿌옇게 끼어있다. 바람에 따라 옅어지기도, 짙어지기도 하는 안개 사이로, 충주호에 비친 다양한 실루엣이 신비롭게 드러난다. 누군가 뒤에서 투덜거린다. 안개 없는 겨울이 더 좋았다고.

그럴 수도 있겠다. 그런데 생각
해 보니 너무도 명확한 정경은 충
주호와는 어울리지 않을 것 같았다.
실체가 명확한 모습, 윤곽선이 뚜렷한 그림은 그리 매
력적으로 다가오지 않는 것이다. 무진기행을 떠올린다.
마치, 안개가 소실된 '무진'은 더 이상 '무진霧津'이 아닌 것처럼.

때로는 가슴 졸이기도, 애태우기도 하며 인내해야 하지만, 여행에
서 맞이하는 기상변화는 그저 틀에 박혀 밋밋할 수 있는 여정을 잊을
수 없는 기억으로 환치시켜 주기도 한다. 딸내미가 가끔 흥얼거리는
Paris in the rain도 '비'라는 존재 덕분에 설득력이 있는 것 아닐까.
정상에 서서 여러 방향으로 충주호를 둘러본다. 마침 사진과 설명
이 표지판에 잘 전시되어 있어 지형을 이해하기가 무척이나 수월하
다. 이제 자전거 라이딩의 그림도 다시 그려본다. 그리고 계획을 급변
경한 것이 얼마나 현명한 판단이었는지 안도한다.

이제 주차장을 베이스캠프로 정하고, 호수를 관망할 비봉
산 주변 도로를 일주하는 라이딩을 시작한다. 편도 1

차선 도로를 따라간다. 조용하다. 통행하는 차량은 거의
없다. 이제 기대하는 것은, 드넓게 수면을 펼쳐놓은 충
주호의 모습이다. 담수호의 특성상, '수위가 높아졌을
때도 안전성을 확보해야 하는 도로'라는 조건 때문인지,
수목에 가려져 충분한 시야 확보가 되지 않는다. 좀 더 물가에 근접하
여 보고 싶다는 열망만이 차온다.

멀리 보이는 유람선의 선착장이 손짓하지만, 다음 여정을 위해 남
겨두도록 했다. 만수위가 아니어서인지 군데군데 희미한 삶의 흔적
들이 엿보인다. 누군가의 집이요, 밭이었을 곳들은 그 형적을 헤아릴
수 없이 순식간에 스러져갔으리라.

감질나는 뷰가 이어진다 싶을 때 갑자기 탁 트인 조망이 펼쳐졌다.
이 모습을 보며 깜짝 놀랐다. 데자뷰^{deja vu}라고 해야 하나, 늘 충주호
를 생각하다 이제는 아예 익숙해져 버렸던 마음속의 전경, 처음 와서
보는 모습이 아니었던 것이다. 그래서일까 비봉산에서 보던 베일에
싸인 모습과는 확연히 다른 느낌으로 다가온다. 가슴이 확 열리며 장
엄한 물줄기를 담아내는 것이다.

카모메 식당 그리고 비경

충주호의 남쪽 방향으로 즉, 아래쪽으로는 거대한 호수에 근접하는 도로가 없다. 물가로 접근할 수 없는 것이다. 이곳에서는 자전거를 타고 충주호를 만끽할 방법이 없다는 것을 의미한다. 그래서 선택한 것은 자전거를 홀가분하게 포기해버리는 것이었다. 그리고는 새로운 충주호 전경을 눈에 담기 위해 목적지를 정하여 출발해서 간다. 차량으로 점프하며 가는 길에 멀리 월악산이 보인다. 참 잘생긴 산이다. 산의 이름에 붙은 '악'자는 그만큼 험난함을 의미한다고 하던가. 그래도 편안하게 바라다보는 모습이 좋다. 굳이 '악'을 감내할 필요가 없음에 대한 여유로움을 즐기는 것이다.

목적지에 도착하여 인근 식당에 들른다. 소박하고 한산한 내부, 깔끔한 분위기 그리고 개성 있는 주인장을 보면서 문득, 카모메 식당이 떠올랐다. 특별한 것이라고는 없는 평범한 일상을 소재로 마치 다큐멘터리처럼 진행된 잔잔한 영화가, 강한 향신료로 무장한 음식이 아니라 담백한 집밥을 먹을 때의 정겨움으로 남아 있었다. 물론 독특한 캐릭터의 출연진 덕분이기도 하다. 무심한 메뉴가 걸려 있는 테이블에 자리를 정하고 묵밥을 하나 주문하며 가는 길을 물어본다. 한 30~40분 정도 소요된다고, 영화의 등장인물과 닮은 중성적 이미지의 아주머니가 대수롭지 않게 말해준다.

가벼운 마음으로 출발하였으나 알려준 루트를 따라, 아니 정확히는 사람들이 다녔을 법한 흔적을 따라 올라가는 길이 생각 외로 제법 가파르다. 이 길이 맞는 것일까 자꾸만 의구심을 가지게 될 정도의 산길이 이어지고 있는 것이다. 생각했던 여유로운 오름이 아니라 과장하자면 숨이 턱까지 차오르는 등산이다. 이제야 깨닫는데, 식당 사장님 아주머니는 산행의 고수였던 것이 틀림없다. 그래도 어찌하랴 계속해서 오를 수밖에. 한참을 지나 목적지라 여겨지는 곳에 서게 된다. '바로 이 모습이야' 하고 눈에 띄는 곳이 나타나는 것이다. 그런데 길을 안내해 주며 "제대로 보려면 조금 더 오르세요"라고 했던 말이 떠올랐다. '제대로'라는 단어가 쉬려던 발을 이끌어 간다. 그렇게 오름은 계속되었다. 그리고는 드디어 광대한 풍경을 온 가슴으로 품어낼 수 있게 되었다. 눈앞에 상상하지도 못했던 비현실적인 비경이 펼쳐지는 것이었다.

'악어 섬'이라 불리는 풍광을 바라다본다. 침묵이 내려앉는다. 납덩이처럼 무겁게 짓누르는 침묵이 아니라, 바람에 흔들리는 나뭇잎 소리, 작은 풀벌레 소리, 새들의 비밀스러운 소리 들만이 허용되는 차별적인 소음의 부재-바로 그 '적막함'인 것이다. 아무도 없는 이곳에서 호수를 내려다보고 있자니 "고독하지만 외롭지 않았다"라는 문구가 스르륵 하고 머릿속을 지나간다.

불현듯, 얼마나 많은 관계의 망 속에서 살고 있는지를 체감하게 되었다. 하시로 알려오던 지저귐은 마치 잘 연결된 줄의 중심에서 미세한 진동을 감지하는 거미를 연상시키는 거였다. 그리고 거미들의 군집 속에 엉켜있다는 사실도. 서점 매대에 진열된 자기 계발서들은 기존의 그물 정비와 새로운 네트워크 확장을 끊임없이 호도하지만, 지금 이곳에서는, 관계의 과잉과 정보의 포화 속에 오히려 그동안 거미줄에 갇혀 지내 온 것 같다는 생각이 밀려들었다.

험산 준령은 묘한 매력이 있다고 한다. 정상에 올라 느끼는 온몸을 전율케 하는 성취감도 좋지만, 그 산행 과정에서의 소소한 기쁨도 크

다고 한다. 이탈리아 출신의 등반가 라인홀트 메스너Reinhold Messner가
8,000m 봉우리를 무산소로 단독 등정하는 등 극한의 등반 경험들을
토대로 쓴 '검은 고독 흰 고독'이라는 회고록이 생각났다.[5]

"나는 산을 정복하려고 이곳에 온 게 아니다, 또 영웅이 되어
돌아가기 위해서도 아니다. 나는 두려움을 통해서 이 세계를
새롭게 알고 싶고 느끼고 싶다. 물론 지금은 혼자 있는 것도

두렵지 않다. 이 높은 곳에서는 아무도 만날 수 없다는 사실이 오히려 나를 지탱해 준다. 고독이 더이상 파멸을 의미하지 않는다. 이 고독 속에서 분명 나는 새로운 자신을 얻게 되었다. 고독이 정녕 이토록 달라질 수 있단 말인가. 지난날 그렇게도 슬프던 이별이 이제는 눈부신 자유를 뜻한다는 걸 알았다. 그것은 내 인생에서 처음으로 체험한 흰 고독이었다. 이제 고독은 더 이상 두려움이 아닌 나의 힘이다."

인생을 살아가면서 고독은 가끔 내면을 들여다보기 위해 필연적인지 모른다. 심연을 보기 위해서는 수면의 파문이 잔잔해지고 잉어물이 가라앉기를 바라듯이. 호수와 안개가 어우러진 악어 섬을 바라보고 있자니 머릿속에 잔잔한 바람이 흘러 지나간다. 그리고 이 모습과 잘 어울리는 연주자가 떠오르는 것이었다.

아이슬란드라는 변방

이어폰에서는 비킹구르 올라프손Vikingur olafsson의 연주가 울려 나온다.

아이슬란드 출신의 피아니스트이다. 문자 그대로의 Iceland. 전체 국토의 약 80%를 얼음 지대나 호수가 차지한다는 것을 반영하는, 나라 이름이리라. 그래서인지 인구밀도도 세계에서 아주 낮은 수준에 도달해 있다고 한다. 아마도 특정 지역의 밀집도가 높다는 의미로, 주거지에서 조금만 벗어나도 광활한 자연을 접할 수 있음을 내포할 것이다. 지리적 위치는 노르웨이와 그린란드 사이 차가운 북해 한가운데에 있다. 그래서 여름의 평균 기온이 10℃ 정도에 머무른다고 한다. 찰나의 여름을 보낸다는 것, 계절의 흐름이 무색한 당황스러운 밤 혹은 낮의 일방적 점유, 익숙하지만 어색한 햇빛에 대한 끊임없는 갈증과 갈급함, 그들이 늘 담담히 보내는 일상일 것이다.

그런데 아이러니하게도 아이슬란드는 활화산이 꿈틀대는 불의 나라이기도 하다. 2010년 대규모 화산 폭발로 유럽 지역에 항공 대란을 일으키기도 했었다. 이러한 지질 활동으로 인해 곳곳에서 부글부글 끓는 간헐천을 볼 수 있으며, 대부분 이를 이용해 난방과 발전을 한다. 혹독한 자연을 견뎌내야 함과 자연이 주는 풍요로움을 누림이 공존하는 야누스적인 나라라고나 할까.

아이슬란드는 지리적으로 변방 중의 변방이라 할만하다. 과거에는 이러한 변방성이 고립을 의미했지만, 이제는 오히려 고유성을 부여해 주는 순기능으로 부각되고 있는 듯하다. 그런 면에서 차세대 피아니스트로 주목받고 있는 올라프손의 인터뷰 기사는 시사하는 바가 크리라.

"아이슬란드는 유럽 본토에 있는 대부분의 나라들에 비해 서양 클래식 음악의 영향을 훨씬 적게 받았습니다. 유럽 대륙으로부터 클래식 음악이 처음 전파된 것은 20세기에 이르러서이

지요. 바흐와 베토벤과 같은 과거 유산이 없었기 때문에 오히려 오늘날 독창적인 선율이 나오는, 비옥한 환경으로 거듭난 게 아닐까 합니다."

요한 요한손Johann Johannsson, 올라퍼 아르날즈Ólafur Arnalds 등 아이슬란드 출신의 작곡가들을 보면, 고립으로 인한 문화적 소외가 오히려 정형화된 틀에서 벗어나 있는 자유로움, 그리고 독특한 개성이라는 오리지널리티를 선사해 주는 역설로 재탄생하고 있는 것은 아닐까 하는 생각을 하게 된다.

올라프손이 연주하는 바흐는 맑고 투명하다. 집 밖을 나서 오 분만 가면 만날 수 있다는 빙하의 얼음처럼. 그리고 아주 섬세하다. 아주 얇은 유리 세공품을 손끝으로 조심스럽게 스쳐보는 것처럼. 그래서였을까? 음반의 비닐 표지에는 아이슬란드의 굴렌 굴드라는 문구가 있다. 사실 이러한 덧칠을 좋아하지 않는다. 그는 그로서 존재하는 것이지 굴드의 연장선상에 놓는 것이 마땅치 않은 것이다. 아마도 아직은 무명이기에 마케팅의 일환이리라 짐작하지만.

아직 주류로 자리 잡지 못한 변방 출신의 피아니스트가 알려지게 된 앨범의 곡이, 활동하던 시절에 확고한 주류로 대접받지 못했던 바흐의 작품이라는 사실에 감정선이 묘하게 중첩된다. 그리고 그들만의 독특함이 묻어나는 작품과 연주로 대중의 사랑을 이어감에 미소를 짓게 된다.

볼륨을 좀 더 높여서 들어본다. 그의 확고함이 다가온다. 그의 음악적 심지를 보는 듯하다. 음반 표지를 바라본다. 연주자의 많은 사진들 중에서 선택했을 모습과 앨범 아트의 구성을 보며 깨닫는다. 그들은 음반 작업을 하며 이미 그에 대한 모든 것을 간파하고 있었던 것이라는 사실을.

올라프손이 연주하는 바흐를 계속해서 듣는다.

문득, 바흐는 정말로 주류에 도달하지 못한 것이었을까?[19, 21] 당대에 그 또한 철저한 비주류요 음악적 변방이었단 말인가? 하는 의문이 드는 것이다. 13명의 자식을 낳았지만 결국 빈민 목록에 올라 숨을 거두었던 바흐의 두 번째 아내인 안나 막달레나는 그때 어떤 생각을 했을까? 카잘스가 발견하여 화려하게 부활한 그 유명한 무반주 첼로 모음곡을 필사한 그녀. 그 곡의 존재성이 급속도로 소멸된 것처럼, 사후에 대중으로부터 완연히 잊혀 간 남편인 바흐. 지금, 바흐의 위상을 바라본다면 그녀는 어떤 생각을 할까?

현재 누구에게 물어도 모르는 사람이 없을 정도로 대단한 지명도를 가지고 있는 바흐. 그가 사후에 철저히 사멸된 존재가 되어버렸다는 사실에 놀랐었다. 대표작 중 하나인 '마태 수난곡Matthew Passion'은 그가 죽은 지 80년이 지나서야 비로소 다시 연주되었다. 완전한 망각과 무관심 속에 묻혀 있다가, 그 곡이 작곡되어 초연된 지 100년 만에.[19]

하물며 그의 다른 작품들은 그 존재조차도 관심 밖이었으며, 사후 100년이 되어서야 비로소 '바흐 협회'가 설립되어 그의 작품이 본격적으로 연구되기 시작하였다는 것이다.

피아니스트 아르헤리치는 일곱 살 때 악보에 이렇게 써 놓았다고 한다. "바흐는 음악의 아버지, 베토벤은 음악의 신." 겨우 일곱 살 때.[15]

1995년 일본의 벳부 뮤직 페스티벌을 설립하고 해마다 그곳에서 연주하는 그녀의 자서전에 기록된 내용이라 다소 작위적으로 느껴지기도 한다. 바흐를 음악의 아버지라 부르는 일본인들을 의식한. 아무튼 바흐는 재평가와 더불어, 그가 생전에 활동할 때보다도 더 대단한 위치로 자리매김했음은 자명한 것 아닐까.

누가 지금 그를 변방의 작곡가라 말하겠는가?

다시금 꿈을 꾸다

결국, 독보적인 규모에 압도되었다.

어차피 자전거로는 단시간에 이루어 낼 수 없는 일이었다. 그래서 꿈꾸던 것과는 달리 주변만 배회한 것 같았지만, 뒤돌아보니 가장 현명한 방법으로 충주호를 즐기게 된 셈이 아닌가 위안해 본다.

그래, 어떻게 모든 것이 처음 계획한 대로 자로 잰 듯이 딱딱 맞아 떨어질 수 있을까. 어쩌면 처음의 계획이라는 것도 불완전한 것투성이일 텐데. 철저한 준비와 체계성 그리고 치밀한 계획으로 꽉 찬 일정, 그것을 통한 성취적 포만감도 좋겠지만, 사적인 즐김에는 좀 허술한 여백과 그로 인한 의외성이 이제는 더 기대되는 것이다. 그래서 예기치 못한 상황의 수용이나, 아니면 보다 적극적으로 변화를 가용하는 것에 점점 담담해지고 즐기기까지 하고 있는지 모른다.

이제 한 줌의 여유로움을 주머니에 담아 일상으로 돌아간다.

대학 입학 통지서를 받은 후, 아르바이트를 시작하였다. 과외가 금지되던 서슬 퍼런 시절이라 몰래바이트라 불렸다. 착실히 시간은 쌓여, 꿈에 그리던 자그마한 전축도 마련할 수 있었다. 어느 날 방송에서 흘러나온 이 곡은 강렬한 첫인상으로 가슴속 깊이 자리 잡았고, 이후 라디오 방송을 녹음해서 테이프가 늘어지게 들었다. 나중에야 LP를 큰맘 먹고 장만하고는 아껴가며 듣곤 하였다. 그때마다 손에는 앨범 재킷이 들려 있었고, 호수와 자작나무 숲이 어우러진 모습은 노을 진 하늘과 함께 당장 가 볼 수 없는 꿈의 세계를 구축해 내었다. 핀란드 국민이 가장 좋아하는 곡이라는 '핀란디아'는 이처럼 장엄한 서사로 북유럽의 환상을 심어주었다.

오고 가는 길들에 고단한 하루였지만,

물안개가 피어 비밀스러운 실루엣이 더 마음을 설레게 하였던 충주호. 덕분에,

알래스카와는 사뭇 다른 정감으로,

마음속 가득 북유럽 하늘로 날아갈 꿈을 다시금 꾸게 해 주었다.

11

구불구불 아름다운 순례길 · 섬진강

한반도를 관통하며 흐르는 강―한강, 금강, 영산강 그리고 섬진강. 4개의 강줄기를 따라서 각기 다른 장관을 펼쳐내는 아름다운 자전거 도로가 개설되어 있다. 다른 3개의 자전거 도로가 강줄기의 특성상 대형 도시를 경유하거나 인접하여 조성되어 있는 것과는 다르게, 섬진강 자전거길은 소박하기 그지없다. 그래서일까, 섬진강 자전거길을 살펴보면 언젠가 꼭 가보리라 마음먹고 있는 산티아고 순례길이 떠오른다.

엘 그레코El Greco의 그림을 보면 감람산에서 곤하게 잠들어 버린 세 명의 제자가 적나라하게 그려져 있다. 그들은 베드로, 요한 그리고 야고보로, 가장 절박했던 그때, 가장 가깝게 동행하였고, 함께 깨어 있기를 부탁받았던 아끼는 제자들이었다. 이후 야고보는 이베리아반도에서 복음을 전파하였고, 나중에 예루살렘으로 돌아가 교회의 책임자로 있다가, 헤롯 왕에 의해 순교하였다. 야고보의 시신은 제자들이 스페인으로 이송한 것으로 알려졌었는데, 9세기에 이르러서야 갈리시아 지방에서 그의 무덤이 발견된 것이다. 당시 무슬림의 지배하에 있던 스페인에서, 참된 신앙을 지켜내고자 하는 사람들에게는, 한 줄기 빛이 강하게 비치는 것과 같았을 것이다. 바로 그곳이 북서쪽에 위치한 도시인 산티아고 데 콤포스텔라Santiago de Compostela이며, 안장된 야고보의 유해를 향해 순례길을 떠나게 하는 촉발제가 되었다. 영어로 James로 표기되는 야고보의 스페인식 이름이 산티아고Santiago라고 한다. 이것이 바로 1993년 유네스코 세계문화유산으로 지정된 산티아고 데 콤포스텔라 순례길Route of Santiago de Compostela의 유래이다.

실제로는 어디에서 출발하느냐에 따라 산티아고 데 콤포스텔라에 이르는 루트가 다양하게 존재한다. 가장 대표적인 순례길은, 스페인과 인접한 프랑스의 국경 지역인 Saint Jean Pied-de-Port에서 시작하여 산티아고 데 콤포스텔라 시까지 이어지는, 800km에 이르는 루트이다.

지금도 세계 도처에서 온 많은 사람들이 각자의 배경을 가지고 이 길을 걷는 여정에 동참하고 있다. 그리고 자전거로 순례하는 사람들도 있다고 한다. 참여하는 형태가 어떻든 간에 순례길을 따라가며 느끼는 감정의 흐름은 비슷하지 않을까. 언젠가 사랑하는 이들과 더불어 산티아고 순례길도 자전거로 종주하는 꿈을 꾸어본다.

낭만이라는 깃발

섬진강 자전거길은 전라북도 임실군 덕치면 회문리에 위치한 섬진강 생활체육 공원에서 시작하여 전라남도 광양시 태인동에 위치한 배알도 해변공원에 이르기까지 강줄기를 따라 굽이굽이 아름답게 조성되어있다. 2013년 완공된 섬진강 자전거길은 그 길이가 174km에 이른다. 자전거길을 가다 보면 곳곳에 인증센터가 설치되어 있다. 이곳에는 이 길을 다녀갔음을 인증하는 스탬프가 있어서, 자전거길 인증 수첩에 도장을 하나씩 찍어 나가는 재미도 준다.

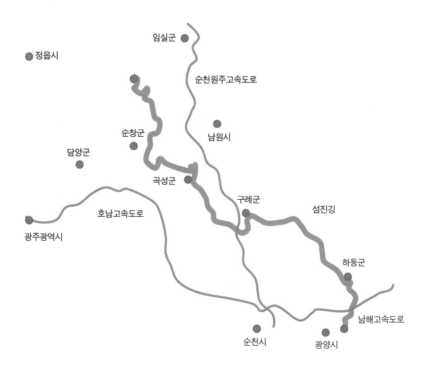

현재 국토 곳곳에 조성되어있는 자전거길을 모두 종주하게 되면 국가에서 국토완주 그랜드 슬램 인증서를 발급해 준다. 그래서일까? 이곳 섬진강 자전거길을 최단 시간에 주파하는 사람들도 있다. 나름의 사정이 있겠지만, 이 아름다움을 만끽하지 못함이 안타깝다. 인증을 위한 실제 자전거길의 최단 종주 노선 길이는 149km로, 소요 시간이 9시간 40분이라고 명시되어 있다. 따라서 굳은 마음을 먹는다면 당일에 모두 소화할 수도 있을 것이다.

섬진강을 따라 자전거길을 완주하는 방법은, 상류에서 하류로 가는 방법이거나 그 반대의 방향을 선택할 수 있다. 단순히 개인적인 취향일 수 있으나, 계절에 따른 날씨와 바람의 방향, 접근 및 복귀 용이성 등이 고려되어 선택될 터이다. 이번 자전거 종주는 순리를 따라, 강물이 흐르는 방향으로 선택하였다. 그리고 서울에서 출발지까지 이동하는 것과 종착지에서 서울로 복귀하는 여정, 그리고 무엇보다도 섬진강 자전거길을 천천히 둘러보기 위하여 1박 2일의 일정으로 계획하였다. 출발과 복귀는 모두 대중교통을 이용하는 것으로 하였다. 자전거길의 출발지인 섬진강 생활체육 공원까지 가는 방법에는 몇 가지 옵션이 있다. 그중에서 기차를 이용하는 방법으로 급하게 변경하였다. 기차로 가장 근접할 수 있는 곳은 정읍이다.

무궁화호에는 카페가 있는 객차가 연결되는 경우가 있다. 이 차량의 한구석에는 자전거를 거치할 수 있는 고정대가 준비되어있고, 최대 4대의 자전거를 보관할 수 있다. 자전거를 분리하지 않아도 되고, 부착된 이런저런 액세서리를 신경 쓰지 않아도 된다. 이 사실만이 머릿속을 꽉 채웠다.

일정을 조율하고 날짜를 심사숙고한 끝에 드디어 대장정에 오른다. 아내가 운전하는 차량에는 자전거도 당당하게 동승하였다. 예약한 무궁화호를 타고 용산에서 아침 7시 15분에 상쾌하게 출발한다. 드디어 정읍을 향해 가는 것이다. 이때만 해도 우리나라의 대중교통 연결망에 대하여 추호의 의심도 없었다. 사실 무지의 결과이기도 하였다. 처음 계획했던 루트인 전주행 고속버스에서 정읍으로 바꾼 것은 순전히 기차를 이용하겠다는 이유 때문이었다.

기차 여행은 자유도가 큰 반면에, 고속버스는 출발과 함께 좌석에 묶여 있어야 한다. 도착할 때까지는 어떠한 발걸음도 허락되지 않는 구속의 굴레에 매여 있어야 하는 것이다. 장거리의 경우에는 이것이 마치 고문 같다. 허나 기차는 자유로운 발걸음이 보장된다. 객차의 좌석이 만석인 경우는 드물어서 새로운 역에 도착할 때까지는, 이런저런 빈 좌석을 이용할 수도 있다. 또한 자전거를 핑계로 카페 칸을 마음껏 이용할 수도 있다. 머릿속에서 이런 생각들이 꼬리를 물었다. 그리고는 덜컥 정읍을 선택한 거였다.

더불어 마음속에는 '낭만'이라는 낡고 빛바랜 깃발이 찬연히 일렁이고 있었다.

아주 오랜만에 느껴보는 덜컹거림이 이어진다. 철로의 구조적 특성상 레일의 이음매에서는 바퀴와 접촉하는 진동이 필연적으로 발생하고 이런 주기적인 자극이 기차에 탑승하고 있음을 각인시켜 준다. 그래도 예전의 경춘선의 덜컹거림과는 비교도 안 되는 매끄러움이다.

기분 좋은 기차 여행을 마치고, 11시가 다 되어 정읍역에 도착하였다. 처음 발 디뎌 보는 곳이다. 잘 지어진 역사를 나와 시외버스 터미널로 향했다. 거리도 적당하여 버스로 강진까지 이동할 생각이었다. 터미널에 도착해서 노선 시간표를 살펴보는데 아무리 보아도 강진이 눈에 띄지 않는 것이었다. 결국, 관계자에게 물으니 정읍-강진 노선 버스는 없다는 것이었다. 황망한 순간이었다. 어찌 이런 일이 있으랴. 당연히 있을 거라는 믿음의 근거는 무엇이었을까 자문한다. 한 번의 클릭만으로도 확인이 가능했을 것을, 이 먼 현지에 와서 온몸으로 알게 될 줄이야. 이것도 추억거리가 되리라. 애써 가볍게 여겨본다. 언제부터인지 스스로에게 관대해지고 있다. 좋은 일이리라.

시외버스 터미널 앞에는 택시가 줄지어있다. 시간이 금쪽같은지라 하는 수 없이 반갑게 맞이하는 택시를 이용하는 수밖에 없었다. 목적지가 강진이라는 말에 얼굴에 화색이 도는 그. 뒤에 줄 서 있는 택시를 보며 어깨까지 으쓱하는 것 같았다. 앞바퀴를 분리하고 택시의 뒷자리에 자전거를 싣는다. 이것도 소소한 재밋거리 인지 주변 사람들이 이것저것 한마디씩 물어보며 거들어 준다. 덕분에 일사천리로 출발한다. 의외의 여정이 추가되었지만, 구수한 입담의 택시 운전사를 만난 덕분에 이런저런 지리 공부를 할 수 있었다.

섬진강의 발원지는, 전라북도 진안군 백운면 화암리에 위치하고 있는 팔공산으로 알려져 있다. 섬진강은 총 길이가 220㎞ 정도 되며, 우리나라에서 4번째로 큰 강이라고 한다. 팔공산에서 80여 킬로미터 하류인 전라북도 임실군 강진면에 섬진강댐이 건설되었고, 이 댐으로 인하여 옥정호라는 인공 호수가 생기게 되었다고 한다. 그런데 이 섬진강댐에는 슬픈 역사의 그림자가 드리워져 있음도 알게 되었다. 일제 강점기에 더 많은 식량을 수탈할 목적으로, 즉 호남지역 평야에 용수 공급을 위해 이곳에 이미 댐이 건설되었었다고 한다. 이 대목에서 택시 운전사는 걸쭉한 욕지거리 한 사발을 쏟아내었다.

현재의 섬진강댐은 1965년 완공된 한국 최초의 다목적댐이라고 한다. 옥정호의 담수는 원래의 섬진강 수로가 아니라 정읍시 방향으로 발전 수로를 유도하여, 김제와 부안을 포함하는 광활한 지역에 농업용수를 공급하고 있다. 그래서인지 섬진강 본류 방향으로는 상대적으로 적은 수량이 흐르게 되는 것이다. 이런 설명을 듣지 못했다면 섬진강 상류의 소소함에 적잖이 당황했을 것이다.

쉼 없이 이어지는 그의 섬진강 강좌를 듣다 보니 어느덧 목적지에 이른다. 드디어 섬진강댐 인증센터에 도착한 것이다. 뭔가 호흡을 가다듬어야 할 것 같아 심호흡을 몇 차례 하며 출발 준비를 한다. 자전거를 다시 조립하고 여러 가지 세팅을 점검한다. 섬진강 자전거길은 그림과 같이 주요 지점을 통과하도록 조성되어있고, 각각의 구간마다 자전거 주행 인증센터가 배치되어 있다. 가는 길 곳곳에 있는 파란색 바탕에 흰 글씨로 된 이정표가 진행할 방향을 알려준다.

섬진강댐 인증센터 - 장군목

섬진강댐 인증센터에서 장군목이라 명칭 지어진 인증센터를 향하여
출발한다. 동행하는 물길은 아직은 강이라는 이름이 어색하기만 하
다. 정확히 무어라 칭하는 것이 마땅할지 당황스럽다. 개울이라 하기
에는 크고, 천川이라고 해도 어중간하니.

　아무튼, 소소한 물줄기를 따라 페달을 밟아 간다. 여러 자그마한

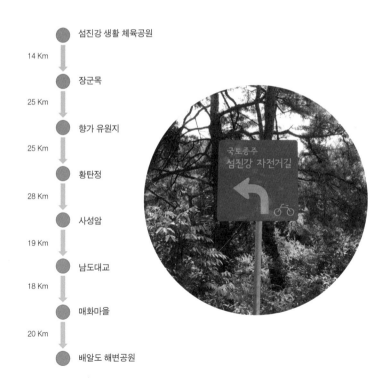

섬진강 생활 체육공원
14 Km
장군목
25 Km
향가 유원지
25 Km
황탄정
28 Km
사성암
19 Km
남도대교
18 Km
매화마을
20 Km
배알도 해변공원

마을을 관통하기도 하고, 어느 집 대문 앞을 지날 때는 요란하게 짖어대는 개 울음에 놀라기도 한다. 그 녀석 또한 나름의 소임을 다하고 있는 것이니 오히려 기특하다고 해야 할는지. 개의 요즘 공식 명칭은 반려견이다. 강아지도 아니고 개라고 입 밖에 내는 순간 따가운 눈총을 받을 터이고, 순식간에 아주 무지하고 경우 없는 사람이 되어버리는 것이다. 허나, 시골 마당에 묶여 있는 누렁이는 개답게 '개'라고 부르는 것이 적절하지 않을까. 물론, 딸내미의 위트 넘치는 표현대로 하자면 '시고르자브종'이 더 적절하긴 하겠다.

백석의 시는 이처럼 우리에게 익숙한 개의 모습을 그대로 풀어낸다.

접시 귀에 소기름이나 소뿔등잔에 아즈까리 기름을 켜는 마을에서는 겨울밤 개 짖는 소리가 반가웁다

이 무서운 밤을 아래 웃방성 마을 돌아다니는 사람은 있어 개는 짖는다

낮배 어니메 치코에 꿩이라도 걸려서 산 너머 국숫집에 국수를 받으려 가는 사람이 있어도 개는 짖는다

김치가재미선 동치미가 유별히 맛나게 익는 밤

아배가 밤참 국수를 받으려 가면 나는 큰마니의 돋보기를 쓰
고 앉어 개 짖는 소리를 들은 것이다

〈개-백석〉

그렇다 개는 짖어야 한다. 적절한 때에 힘차게 짖어야 하는 것이
다. 그것이 개의 가장 기본적인 책무이며 집안에 존재하는 이유이다.
그러면 어떻게 짖어야 하냐고 개가 물으면 도대체 무어라 답해야 할
까? 김훈은 이 질문의 대답을 명료하게 정리해 내었다.[3]

"짖는 소리에는 위엄과 울림이 있어야 한다. 짖을 때, 목구멍에
서 놋사발 두들기는 소리가 깽깽깽 나오는 개는 별 볼일 없는
개다. 소리가 목구멍까지도 못 내려가고 입안에서 종종대는
개는 그보다도 못하다.
짖을 때, 소리는 몸통 전체에서 울려 나와야 한다. 입과 목구멍
은 다만 그 소리에 무늬와 느낌을 주면서 토해내는 구멍일 뿐
이다. 몸속 전체가 울리고 출렁대면서 토해지는 소리가 진짜
소리다. 소리는 화산처럼 터지면서 해일처럼 몰려가야 한다.
나는 짖어야겠다 싶으면 몸 속 깊은 곳이 지진이 일어난 것처
럼 흔들린다. 그때 내 몸 전체는 악기로 변하는데, 이 악기는
노래하는 악기가 아니라 싸우려는 악기다. 악기가 무기인 것
이다."

성악을 전공하여 독일에서 활동하고 있는 친구에게 이 글을 보여 주었더니, 한동안 답이 없다가 뜬금없이 했던 말이 생각난다.

"이거 내 이야기인데."

이 글을 읽고는 한참을 웃고 울고 했다고 한다. 자신의 이탈리아 유학 시절, 성악 레슨 때를 회상하며. 그 말이 찡하게 다가왔다.

수령이 아주 오래되어 보이는 나무 앞에 서 있는 안내문을 읽어 본다. 마을 이름이 '물우리'이며, 이는 늘 물 걱정을 했다는 데서 유래했다는 설명이다. 아이러니하게도 섬진강 상류는 강이라는 이름이 무색하게 물이 귀한 곳이었다.

조용히 흘러가는 개울물을 바라본다. 문득 은퇴하면, 이곳의 소박한 고택 처마 밑에 앉아 흐르는 물줄기를 바라보며, 이렇게 하루하루를 맞이하고 싶다는 상상을 해본다.

아침을 맞이함은 단순해지자.

볼 때마다 기분이 좋아지는 앙증맞은 앰프에 불을 지핀다.

그리고 자그마한 진공관들이 달아오르면 음악으로 공간을 채우는 것이다.

바흐의 파르티타가 늘 시작점에 있게 하자.

대단한 이유가 있는 것은 아니다. 영롱한 피아노 소리가 아직도 잠에서 덜 깬 세포들을 살포시 흔들어 주니까.

아침의 눈뜸은 중요하다. 무지한 알람 소리가 아니라 창가로 스며든 햇살과 볼 맞춤에 대한 환상처럼.

6개의 모음곡은 한 주의 시작에서 쉼에 이를 때까지, 매일 하나씩 감당하도록 하자.

그리고 오늘은 이고르 레빗Igor Levit을 초대하는 것이다.

가끔은 소박한 순백의 에스프레소 잔에 진한 커피 향을 가득 담아 내기도 하자.

카페인이 제거된 커피, 그것으로도 족하다. 분석적인 커피 맛은 내게 큰 의미가 없기에.

이러한 소소함 들이 나의 하루를 조금씩 채워나가게 하자.

바로 오늘, 내게로 다가오는 이들과 행하는 모든 일들 속에 감사함이 깃들기를 소망하면서.

이처럼 맑디맑은 물줄기를 따라 자전거를 탈 수 있다는 사실이 새삼 감사했다. 힘차게 페달을 밟아 본다. 멀리 현수교가 나타난다. 보통 현수교는 교각을 촘촘히 세우기 어려운 지형에 건설하는 교량 형식이다. 교각을 많이 세울 수 없으므로 교량 상판을 지지하기 위해 줄로 상판을 연결하여 매달고 이를 기둥 교각에 연결하는 것이다. 이러한 타입으로 건설된 가장 유명한 다리 중 하나로는 물론 샌프란시스코의 랜드마크인 Golden Gate Bridge를 들 수 있을 것이다. 섬들이 많은 우리나라에서도 흔하게 접할 수 있다. 보통의 현수교는 건설되는 곳의 열악한 지리적 특성상 규모가 크고 웅장하다. 그런데 눈앞에 서 있는 현수교는 깜짝할 정도의 미니어처다. 아마도 강줄기의 수량 변화가 크거나 혹은 남모르는 특별한 이유 때문이리라.

이 지역의 명칭이 장군목이다. 특이한 명칭이다. 장군의 목이라니. 머리와 몸체를 연결하는 부위를 '목'이라 부르는 것이건만, 그 장군의 목이 어떠했기에…. 이런 것이 일명 아재 유머의 전형이겠구나 라는 생각에 피시식 웃음이 나왔다. 더 이상 상상의 나래를 접고 확인한 안내문의 내용을 인용해 본다.

"장군목이라는 이름은 풍수지리상 장군목 일대에 장군대좌의 명당이 있다 하여 붙여진 이름이다. … 수만 년 동안 동북쪽의 용궐산과 남쪽의 무량산, 서쪽으로 벌통산 사이를 굽이치며 흘러온 강물이 빚은 각양각색의 바위에는 마치 용틀임을 하여 살아서 움직이는 듯한 문양이 새겨져 있는데…."

눈앞에 펼쳐지는 모습에는, 안내문처럼 기기묘묘한 형상의 바위들로 군락을 이루고 있다. 문득 동해안의 주문진 해안에 있는 기암괴석들이 생각이 났다. 그곳의 정식 명칭은 '소돌 아들바위 공원'이다. 소돌 포구라는 지명과 전설이 깃든 바위 이름이 합쳐져 동네만큼이나 특이한 이름이 되었다. 아들바위라는 이름은 그곳에서 아들 가지기를 소망해 얻었다는 예측 가능한 이야기에서 유래되었다. 아무튼 그곳에도 기기묘묘한 형상의 바위들로 가득 차 있다.

민물인 강물과 짠물인 바닷물의 차이만 있을 뿐 흐르는 물의 에너지에 의해 그 단단해 보이는 바위도 속절없이 속살까지 내어준 결과일 것이다. 불현듯 초등학교 시절 교장 선생님 말씀이 떠올랐다. 수십

년 묵은 기억의 먼지를 툴툴 털어내며 소환되어 오는 것이다.

"낙숫물이 바위를 뚫는다." 그리고 덧붙여서 "지금은 잘 모르겠지만, 여러분들이 크면, 지금 내가 한 말의 뜻을 잘 이해하게 될 것입니다." 그때 교장 선생님은 진지한 표정으로 또박또박 말씀하셨다.

그 이후로 많은 시간이 흘렀는데도 아직 기억에 남아있음은 어린 나이에 강렬하게 입력이 되었든지, 아니면, 마치 어른이 되는 문의 열쇠처럼 여겨 알지 못하는 사이에 가끔 되뇌어진 덕분이리라.

이곳은 특이한 바위들의 유명세 덕분인지 장군목 유원지까지 형성되어 있다. 조금만 더 달리다 보면 장군목 인증센터가 나온다. 기분 좋게 도장을 꾹 찍어 이곳에 왔음을 알린다. 파란색 도장이다.

장군목 – 향가유원지

장군목 인증센터를 출발하여 향가유원지를 향해 간다. 얼마쯤 갔을까 '구암정'이라 칭하는 건물이 눈에 들어왔다.

자료를 찾아보니 1500년 전후의 무오사화와 갑자사화에 이른다. 그 당시 사화의 참상에 환멸을 느껴 낙향한 구암 양배라는 선비와 관련된 일화가 이어진다. 예나 지금이나 권력을 둘러싼 정치 현장에는 늘 정쟁의 화마가 할퀴고 간 흔적이 남게 마련이다. 그리고 올곧음을 구하는 이들은 모든 것을 던져버리고 넉넉한 품의 자연으로 향하곤 했다.

정자 문턱 자리에 앉아 언젠가 읽었던 내용을 문득 떠올려 본다.

작곡가로 널리 알려진 슈만Robert Schumann의 일화들이 있다. 어릴 때부터 피아노 치기를 좋아했던 슈만은 음악을 생업으로 하는 것을 마뜩잖아하는 어머니의 영향으로 라이프치히 대학과 하이델베르크 대학에서 법률을 공부하기도 했었다. 그러나 결국 아들의 음악적 열 망을 깨달은 어머니의 동의하에 라이프치히의 유명한 피아노 교사이 었던 프리드리히 비크에게 본격적으로 레슨을 받게 된다.

20세가 된 그는 비크와 함께 열심히 피아노 연습을 하였지만, 급속 한 실력 향상을 원하는 슈만의 조급증으로 손가락 근력을 강화하는 장치를 고안하여 무리한 연습을 하는 단계에까지 이르게 된다. 결국, 오른쪽 약지의 치명적인 부상을 유발하였고, 회복되지 않는 상태가 되었다. 더 이상 피아니스트로서의 꿈을 펼칠 수 없음에 상심하였던 그였지만, 절망하지 않고 작곡과 평론으로 인생의 방향을 선회하여 후대에 많은 작품을 남기게 되었다. 또한, 피아노 교사의 딸인 클라라 비크를 우여곡절 끝에 평생의 반려자로 맞이하여 지금까지도 애틋한 부부의 롤모델이 되고 있다.[32]

비록 46세의 이른 나이에 불운한 죽음을 맞이하게 된 그였지만 드라마틱한 그의 삶은 여러 가지를 생각해 보게 한다. 절망적인 불행도 넘치는 행복도 뒤돌아보면 결국 일순간이며, 인생이라는 불특정한 건물을 만들어가는 과정에 편입되는 각양각색의 디딤돌들을 내 계획과 의지대로 분방하게 재편해 낼 수 있으리라 여기지만, 바로 내가 만들어가는 것이라 자신하는 인생일수록 언젠가 무기력함을 절절히 느끼

게 되는 듯하다.[29, 51, 55]

천변을 따라 조성된 호젓한 자전거길을 다시 달린다. 물줄기와 주
변 자연 습지로 이루어진 강변에는, 그 수면을 캔버스 삼아 멋진 그
림도 남겨 놓는다. 온통 초록인 세상 사이로 무념무상의 호사를 누린
다. 강줄기를 따라가다 보면, 왜소한 다리를 건너기도 하고, 수량이
많아지면 잠기는 잠수교도 여럿 지나간다. 강을 사이에 두고 좌로, 우
로 방향을 바꾸어가며 달려 나간다.

어느덧 강변을 따라 이어지는 자전거길이 익숙한 흐름이 되어버렸
다. 그때 갑자기 눈앞에 거대한 초록의 벽이 나타난다. 바람에 물결치
며 햇볕에 반짝이는 잎들이 더욱 힘차게 출렁인다. 주변을 둘러보아
도 아무런 길의 형태도 보이지 않는다. 초록 벽을 따라 가만히 내려다
보니 바닥 한가운데에 시커먼 구멍이 보인다. 앞에 느닷없이 터널이
나타난 것이다. 그야말로 별도의 길이 없이 산으로 막혀 있는 정면에

자그마한 입구만이 덩그러니 있는 것이다.

이 터널의 이름이 '향가 터널'이다. 이곳에도 수탈의 검은 그림자가 드리워져 있다는 것을 알게 되었다. 일제 강점기에 순창, 남원 지역의 쌀을 강탈하기 위해 철로를 만들다가 해방과 함께 중단되어, 터널만이 그 잔재로 남게 된 것이다. 아무런 기능도 없는 구멍만이 턱 하니 생기게 된 것이다. 터널의 길이는 384m이며, 옥출산을 관통하여 개설된 이 길을 지나면, 반대편에서 섬진강과 다시 만나게 된다.

터널이 끝나는 이곳에도 역시 중단된 교량 건설의 흔적으로 교각만이 횅하니 남아 있었다고 한다. 섬진강 자전거길을 개설하면서, 오랜 시간 방치되어왔던 폐터널과 폐교각을 활용하여 독특한 풍광을 만들어 내었다. 기발한 아이디어다. 잔재 청산이라는 미명하에 깨끗이 지워버리는 것만이 능사가 아니라는 것을 다시금 깨닫는다.

터널로 진입한다. 적절한 조명으로 유도되는 터널 안쪽은 그야말로 자연 냉장고이다. 어찌 에어컨 바람에 비할 수 있으랴. 등줄기가 서늘할 정도로 시원하다 못해 한기까지도 느껴졌다. 지하세계의 진면목을 맛보는 사이 벌써 입구가 환하게 밝아 온다. 문득 "뒤돌아보면 안 돼"라는 외침이 들리는 듯하다. 그렇게 눈부신 지상 세계로 무사히 복귀하였다.

눈앞에는 소담스러운 다리가 이어져 있다. 버려져 방치되던 폐교각에는 목조 상판과 스카이워크 형태의 투명 전망대를 설치하여 시원하게 섬진강 강줄기를 내려다볼 수 있게 하였다. 몇십 년째 고립되어 왔던 교각이 향가목교로 재탄생한 것이다.

터널을 빠져나와 향가목교를 향하며 오르페우스와 에우리디케를
떠올린다.

향가유원지 – 횡탄정

향가유원지 인증센터에 다다른다. 이곳에 왔음을 알리는 도장을 또 다시 꾹 눌러 찍는다. 역시 파란 도장이다. 잠시 목을 축이고는 횡탄정을 향해 출발. 얼마쯤 갔을까? 하늘을 머금은 강물이 눈에 차 온다. 그리고 듬성듬성 자리를 잡고 유유자적 낚시를 즐기는 모습에 발길을 멈춘다.

머릿속에는 영화 '흐르는 강물처럼A River Runs Through It'의 포스터가 그려졌다. 브레드 피트의 젊은 시절 연기와 로버트 레드포드가 연출한 영화의 흐름을 읽어냄도 좋지만, 강렬하게 기억에 남는 것은 바로 영화 포스터의 그 장면이리라.

허공에 뿌려진 유려한 곡선의 궤적. 단순한 낚싯줄이 아니라 공간을 수놓는 감성적 라인으로서, 한 폭의 그림처럼 남아 있는 것이다. 더 이상 낚시라는 행위는 의미를 상실한다. 자연 속에 동화된 물아일체의 순간만이 느리게 흘러가는 것이다.

인생 여정의 갈피마다 굽이굽이 물결치는 변곡점에서, 마치 영화 속 노먼처럼 돌아갈 고향과 품어 줄 가족의 사랑을 갈급하는 것이며, 그래서 다시금 제 궤도로 돌아올 수 있는 구심력의 재생이 가능함을 확인하고 싶은 것이다.

문득, 머릿속에 누렇게 색이 바랜 낡은 LP 재킷이 떠오른다. 사람의 기억 메커니즘에 대한 이론으로, 자극 중에서는 시각적 요인 즉, 사진과 같은 이미지가 기억 재생에 영향력이 크다고 했던가. 덕분에 앨범과 청음 일상을 소환해 낸 것이다.

　이 음반을 찾아 턴테이블에 올리고 카트리지를 처음 트랙에 맞추어 조심스럽게 내린 후에 하는 일은, 앨범 재킷을 멍하니 바라보는 것이었다. 번잡한 일상에서 음반의 사진은 너무도 유혹적이었다. '언젠

가'라는 희망 섞인 바람이 심장을 간질여 온다. 그러나 플라이 낚시를 선망하는 것은 아니었다. 무지개송어나 산천어를 한가득 담아 올 망상에 잠기는 것도 아니었다. 이것이 단지 낭만과 여유로움의 상징으로 포인트를 찾아 계곡을 휘젓는 탈출의 장을 바라는 것은 더더욱 아니었다. 그래서 그저 재킷을 바라보며 그림만 한가득 그려보는 것이었다.

SCHUBERT
The Trout Quintet

Alice Heksch (piano), Nap de Klijn (violin,) Paul Godwin (viola),
Carel van Leeuwen Boomkamp ('cello), Lion Groen (bass)

불현듯, 현기증이 났다. 머릿속이 갑자기 아득해져 오는 것이었다.
생각해 보니 제대로 된 점심을 못 먹은 것이 화근이었다. 정읍에서의
애매한 출발 시간과 눈앞에 펼쳐지는 풍광에 넋을 잃고 한 바퀴, 두
바퀴 계속해서 페달링을 해 온 것이다. 라이딩으로 소모되는 열량을,
준비해 갔던 과자류들로 버텨내기에는 역부족이었던 것이었다. 주변
을 검색하여, 다행히 갈비탕 한 그릇으로 원기를 회복하고 다시금 순
례길에 나선다.

갈비탕.
맑은 국물에 뼈가 붙어있는 갈비 조각이 몇 점 들어 있는 그야말로
탕이다. 넓적한 갈비뼈를 가로 방향으로 절단하여 소분된 작은 덩어
리들을 뜨거운 국물에 내어놓는 것이다. 늘 아쉬운 것은 머릿속에 쉬
이 그려지는 모양의 갈빗대가 아닌 뭔가 생소해 보이는 갈빗대가 주

류가 되는 것이다. 비싼 갈비로 충당하기에는 부담이 되니 갈비 인접 부위 조각들이 주인공이 되고 진짜 갈비는 카메오가 되는 셈이다. 일명 '유사 갈비탕.' 그래서 보기에는 푸짐해도 정작 입을 대보면 먹을 것이 별로 없는 형국이다. 그러면 아쉬움으로 국물에 밥 한 공기를 통으로 말아 버린다.

그래도 밥에 곁들이는 깍두기가 맛있으면 모든 것이 용서되는 것이다. 국물 한 점 남기지 않고 모두 들이키면 배가 든든해져 온다. 그리고 이제 일어나 걸을 때면 배속이 출렁출렁하다. 그러면 이번 끼니는 그 소임을 다한 것이다. 이것이 어찌 우리네에게만 한정된 일이겠는가. 그나마 역사가 있은 이후로 가장 풍족한 세대라는 현재를 제외하고는 늘 어디에서나 겪어낸 일이 아니겠는가. 그리고 지금도 기아에 허덕임이 도처에 있거늘.

이제, 물줄기는 강이라 표현해도 부족함이 없을 만큼 광대해졌다. 소소한 개울물이 소리 없이, 묵묵히, 켜켜이 쌓인 결과이다. 그동안 소요되는 곳에 모두 들러 이런저런 역할을 해내고, 다시 강물로 돌아올 때는 맑고 투명함은 그들에게 모두 내어주고, 탁하고 묵직해진 몸이 되어 오는 것이다. 그래도 넓은 강물은 아무런 거부감 없이 돌아오는 모두를 포용해 준다. 때 묻은 몸과 얼굴을 서로 씻기어 함께 흘러가는 것이다.

그림자가 제법 길어지며, 해가 뉘엿뉘엿 져간다. '그래 한참을 달려왔구나' 하는 느낌이 가슴속을 채운다. 뿌듯함이 솟아난다. 무탈하게 여기까지 달려옴에 다시금 감사하면서.

생면부지의 땅.

말 그대로 태어나서 처음 밟아 보는 곳이다. 처음 보는 풍경들이며, 처음 맡아보는 냄새였던 것이다. 처음 와 보는 곳에 있음을 인지하는 것은 시각적 정보가 일차적이지만, 그 강렬함에서는 후각이 독보적인 듯하다. 새로운 냄새 정보에 흥분한 뇌는 그 호기심을 계속해서 풀어낸다. 포화상태에 도달할 때까지. 불행히도 냄새를 말로 그려낼 수 있는 기억의 시효는 그리 길지 않은 것 같다.

그래도 다행인 것은 완전히 잊었으리라 여겨지던 냄새도 그곳에 가면 정확히 기억해 낸다는 것이다. 문득 가슴이 먹먹해진다. 다시는 맡아볼 수 없는 냄새가 생각나서이다. 아마도 서너 살쯤 되었을 때라 하셨다. 앉아 있으면 품속을 파고들며 킁킁 코를 대고 '엄마 냄새 참 좋다'라고 했다며 웃으시던 어머니도 그때가 그리우셨던 것이다. 그런데 벌써 그 어머니의 체취조차도 아득해져 가고 있다.

강줄기를 따라 동행해 온 생소함들이 끈적한 땀방울들과 어울려졌다. 달려온 그 길들은 이제 체험이라는 기억으로 내내 남게 될 것이다. 길에 비친 자전거 모습이 제법 깊은 음영을 나타낸다. 그동안 따가운 햇살로 함께 했던 해가 오늘의 일과를 마치고 퇴근길로 접어들고 있는 것이다. 페달의 속도를 늦춘다. 시선이 고정된다. 이내 자전거를 세운다. 그리고 섬진강 라이딩에서 아름다움의 절정을 맛본다. 눈에 가득 차오는 모습을 카메라로 담아내기에는 역부족이었다. 한참을 아름다움에 흠뻑 취해 있었다.

　　2018년 개봉한 실화를 토대로 한 영화인 '어드리프트adrift：우리가 함께한 바다'가 있다. 제목 그대로 바다 위에서 벌어지는 생존의 사투가 그 중심이다. 감독은 발타자르 코루마쿠르Baltasar Kormakur이었고, 쉐일린 우들리Shailene Woodley는 주연을 맡으며 제작에도 함께했다고 한다. 이 영화에서는 극과 극의 장면 교차를 자주 보여준다. 가장 행복했을 때의 기억이 가장 힘든 현재를 이겨낼 수 있는 원동력이라고. 조난당한 배의 선상에서 두 사람이 바다 노을을 바라보며 죽음을 목전에 두고 나누는 대화는 그래서 더 아리다.

그녀는 노을을 이야기한다.

"핑크 압생트 술 색깔이야, 금잔화와 졸인 소스 색이 감도는…."

이제 마음이 평안하게 풀어진다.

　노을은 밤으로 진입해감의 전주곡이다. 밤은 부지불식간에 도래
한다. 잠시 한눈을 팔고 있으면 이미 어김없이 도달해 있다. 밤이 도
착하는 바로 그 순간은 게으른 나로서는 도무지 알 수 없는 신비의
때이다. 그러나 다행이다. 밤의 전령인 노을이 있기 때문이다. 노을은
"자 이제 밤이 다가오고 있습니다"라고 친절하게 알려주는 것이다.
그럼에도 인지하지 못할까 봐 온몸을 불태워서까지 그 사실을 알려
준다.

　노을은 멜랑콜리 그 자체이다. 흔히 황금빛 도는 붉음으로 대변되
는 노을은 잠시나마 모든 것을 내려놓고 무아지경의 속으로 슬그머

니 우리네를 이끌어 간다. 무장해제된 우리는 정신줄을 가다듬지 않으면 노을의 바닷속으로 하염없이 침잠해 간다. 나와 주변까지도 붉게 물들여 가던 노을은 작별의 인사 몇 마디 없이 순식간에 사라져 버린다. 그리고 어느덧 어둠이다. 그래서 강렬한 일출과는 대조적인 것이다.[23]

첫날은 자전거길을 따라 내려갈 수 있는 데까지 가보자 하는 마음으로 출발하였다. 그래서 따로 숙소 예약 없이 이곳까지 오게 되었다. 인근의 곡성에서 숙박하기로 결정했다. 2016년에 곡성의 한 마을을 배경으로 하는, 동일한 제목의 영화가 개봉되어 누적 관객 수가 거의 700만에 육박하였다. 덕분에 이름만 대도 유명세를 치르는 곳이어서 그런지, 초행길이라는 것이 무색할 정도로 낯섦을 넘어서는 익숙함에 놀랐다.

몇 군데 숙소를 검색해서 통화를 하였다. 곡성이라는 곳을 처음 방문하는 것이라 이왕이면 농가 민박집 경험을 하고 싶어서, 굳이 숙소로 정하고 발길을 향한다. 고맙게도 통화한 주인장이 길가까지 나와 맞아 준다. 처음 와보는 곳이라는 말에 혹시라도 길을 헤맬까 봐 배려해 줌이 고맙다. 안내된 집으로 들어서는데 농기구들이 눈에 띈다. 그리고 보니 주인장은 장화를 신고 있었다. 늦은 농사일을 마치고 온 길이었나 보다. 주위를 둘러보아도 흔하게 볼 수 있던 누렁이가 보이지 않는다. 속으로 다행이다 싶었다. 충성스러운 누렁이의 포효소리를 듣지 않고 단잠을 이룰 수 있으리라.

숙소는 안쪽의 별채였다. 침대가 놓인 방과 샤워를 할 수 있은 욕실 겸 화장실. 이 정도면 충분했다. 무엇이 더 필요하단 말인가. "샤워하실 때 미리 말씀해 주세요"라는 말이 의미하는 바를 몰랐다. 화장실에는 건물 뒤편으로 자그마한 창이 하나 나 있었다. 오늘 제법 긴 하루의 땀으로 소금기 반짝이는 몸을 시원스레 씻어내고는 머리를 털며 창을 내다보는데 섬뜩한 기분이 들었다. 곡성? 그는 미안하다고 겸연쩍어하며 말했다. "온수 밸브를 잠가야 해서요." 그래서 미리 말해 달라고 했던 것이었구나. 내내 여기서 물소리가 그치기를 기다리고 있었던 거였다. 그는 농사일도 이렇게 알뜰하고 정확하게 하는 사람일 것 같았다.

드디어 침대에 누워 크게 대자를 그린다. 노곤함이 몰려온다. 낯선 곳에서의 밤이다. 이어폰을 귀에 꽂는다.

음악이 흘러나오자 불현듯 이런 생각이 들었다. 야구에서 선발투수와 마무리투수 중 누가 더 중요할까? 우문이다. 당연히 둘 다 중요하지 않을까. 스포트라이트를 받는 것은 늘 선발투수지만 마지막 아웃 카운트 하나를 남기고 자신 있게 내보낼 수 있는 마무리 투수를 가진 감독은 행복할 것이다.

좋아하는 베르너 토마스 음반의 시작은 오펜바흐의 곡으로 시작한다. 그리고 마무리도 오펜바흐의 곡이다. 첫 곡은 재클린의 눈물이라는 부제로 이미 관심을 받았고, 연주도 너무 좋으므로 빅 히트를 기록했다. 그런데 마무리 곡도 사실 이에 못지않다. 연주가 끝나면 허전해서 다시 한번 듣게 된다. 마지막 곡이기 때문에 더 아쉽기 때문이기도 하다. 이 음반의 원래 명칭은 저녁 하모니Harmonies du Soir이며, 곡은 비가Elegie Op. 25이다. 그리고 하늘의 두 영혼Deux ames au ciel이라는 부제가 붙어있다. 아! 얼마나 시적인 멋진 표현이란 말인가.

잔잔한 첼로 선율로 시작한다. 이 연주를 듣다 보면 자신도 모르게 눈을 감고 입가가 살짝 올라가면서 흐뭇한 미소를 짓게 된다. 두 개의 첼로가 연주되는 듀오 부분에서는 정신줄을 놓게 될 수도 있다. 이 선율에 가사를 붙이면 멋진 곡으로 재탄생할 듯하다. 물론 지금으로도 충분히 좋긴 하다.

이 곡을 LP로 듣는다면 해상도가 높은 섬세한 포노 프리 앰프보다는, 선이 굵고 우직한 소리를 내주는 포노 앰프가 적격이다. 예로, 오디오리서치 PH3, 그것도 SEspecial edition 버전이 아닌 오리지널 모델로 들으면 가슴 깊이 음악적 열기와 감동을 나눌 수 있다.

사람 좋아 보이는 웃음을 띤 베르너 토마스의 모습이 앨범 재킷 사진으로 담긴 이 음반에는 주옥같은 첼로 곡들이 들어 있다. 가격도 저렴하다. 구할 수 있다면 LP로 음악을 즐기는 이들에게는 보석과도 같은 음반이 되리라.

보헤미안 사운드라고 할 수 있는 다소 어둡고 묵직하지만 따스한 선율과 함께 곡성에서의 밤은 이렇게 깊어 갔다.

곡성-사성암

닭 우는 소리에 잠을 깼다. 잠결에 시계를 보니 아주 부지런한 녀석이었다. 암놈일까 수놈일까. 그냥 목청 좋은 녀석이려니. 덕분에 하루의 일정이 느긋하게 되었다. 이제 알람을 당분간 닭 울음소리로 해보아야겠다. 그 생소함에 눈이 번쩍 뜨일 터이다. 그리고 코코뱅^{coq au vin}이 몹시도 그리울 것이다.

전날 민박집 주인장에게 소개받은 식당으로 향했다. 시외버스터미널 근처에 위치하고 있었다. 주인아저씨, 아주머니 부부 내외의 인상이 참 좋다. 덕분에 든든한 아침 식사에 푸근한 마음을 덤으로 얻었다. 놀라운 것은 이렇게 이른 아침에 베이커리 문이 열려 있었다는 것이다. 안에서 만나는 젊은 사장님 부부가 아주 부지런하고 친절하다. 그들의 재빠른 손놀림 덕분으로 진한 커피 향을 마음껏 즐긴다. 밖을 보니 약국도 문을 열었다. 곡성은 아마도 특별한 시간으로 돌아가는 곳인 것 같다. 마치 스페셜 썸머 타임처럼.

곡성 시내에서 기분 좋게 출발한다. 산책로가 강줄기를 따라 끊길 듯 이어진다. 마침 개를 데리고 산책하는 사람이 있다. 흔히들 백구라고 부르는 하얀색 진돗개처럼 보인다. 둘 다 아주 행복해 보인다. 발걸음이 경쾌해 보이는 것을 보니. 답답한 도시의 아파트에서 온갖 치장으로, 오묘한 빛깔로 멋을 낸 견공이 행복할까? 걷기에도 힘들어 보일 정도로 과다 영양 공급된 견공이 만족스러울까? 반려견용 유모차에 실려 쇼핑센터를 유람하는 강아지가 행복을 만끽하고 있을까? 문득 다양한 개들의 초상이 머릿속을 지나간다. 그래, 개는 개답게 살아야 하는 게 아닌가 하는 생각이 든다. 그러고 보니 이곳 강가를 산책하는 저들의 모습에 오히려 그들이 대단한 호사를 누리고 있는 듯 느껴진다.

백석이 이런 모습을 보았을까? 그가 시로 말해준다.

솔포기에 숨었다
토끼나 꿩을 놀래주고 싶은 선허리의 길은

엎데서 따스하니 손 녹히고 싶은 길이다

개 데리고 호이호이 희파람 불며
시름 놓고 가고 싶은 길이다

괴나리봇짐 벗고 땃불 놓고 앉어

담배 한 대 피우고 싶은 길이다

숭냥이 줄레줄레 달고 가며

덕신덕신 이야기하고 싶은 길이다

더꺼머리 총각은 정든 님 업고 오고 싶을 길이다

<창원도 ; 남행시초1 - 백석>

　아침 햇살을 받으며 달리는 자전거 페달링이 상쾌하다. 남아 있던

잠 부스러기들이 하나도 빠짐없이 말끔히 날려갔다. 시원하게 달려

가는 자전거길은 깔끔하게 포장이 잘 되어 있다. 저 멀리 매끈한 도로

에 길게 늘어선 나뭇가지가 보인다. 자전거가 다가가니 그 나뭇가지가 움직인다. 제법 빠른 속도로 도로 옆 수풀 사이로 사라져 버렸다. 아뿔싸! 바로 뱀이었다. 파충류는 온혈동물이 아니어서 이처럼 인위적으로 체온 조절을 해야 한다. 밤사이 떨어진 체온을 올리려 부지런을 떤 녀석의 느긋한 햇볕 쬠을 내가 방해한 셈이다.

문득 세상에서 가장 짧다고 했던 시가 떠올랐다.

Snake

Too long.

이 시를 처음 들었을 때 나도 모르게 무릎을 쳤다. 그리고 곱씹을수록 진한 의미들이 전해져 오는 듯했다. 제목 5자, 그리고 시구도 겨

우 9자였다. 누군가 그랬던 것 같다. 공백과 쉼표 그리고 마침표가 문자보다 중요하다고. 시는 일반적인 서술과는 궤가 다르다고 한다. 시의 입장에서 바라보는 세상은 '과잉'일 듯싶다. 은유와 함축. 그래서일까? 짧음으로, 더욱더 공감의 폭이 넓어지는 듯하다. 역설적이다.

김훈이 그려낸 개와 뱀의 사투 장면이 떠올랐다.[3]

"뱀과 싸우는 일은 정말로 진땀난다. 대가리를 치켜세운 뱀은 그 사나운 눈빛으로 나를 노려보다가 갑자기 화살처럼 달려든다. 똑바로 달려들 때도 있고 옆으로 달려들 때도 있다. 그래서 뱀과 싸울 때는 뱀 대가리가 달려드는 방향을 정확히 관찰해야 한다. 일 초라도 동작이 늦으면 뱀한테 물린다.

그럴 때, 내 눈썹 위에 돋은 긴 수염은 정말로 요긴하다. 달려드는 순간 뱀 대가리가 일으키는 바람의 방향을 수염은 즉각 느끼고, 내 몸은 그 느낌에 따라 자동적으로 공격 각도를 잡는다."

부럽다. 나의 눈썹은 도대체 무엇을 하고 있단 말인가? 하긴 이렇게 뱀과 우연히 만날 일도 드물 것이고, 설령 그때가 오더라도 슬그머니 피해 주게 되겠지. 갑자기 열 일을 하는 눈썹에게 미안해진다. 아담과 이브 이후로 사람과 뱀은 가까이할 수 없는 사이임이 틀림없을 터다. 물론 나에게도 가장 혐오하는 생명체 1번에 등극해 있다.

고개를 드니 저 멀리 현수교와 잠수교가 나란히 서 있다. 특이한 풍경이다. 이곳도 수량 변화가 제법 심한 곳인 듯하다. 그 높이가 어디까지 다다르길래 인접해서 높은 다리를 다시 세우게 되었을까? 그리고 그 빈번함도 궁금해졌다.

사성암-남도대교

사성암 인증센터에 다다른다. 이곳에서도 버릇처럼 수첩을 펴고 도장을 꾹 찍어낸다. "나 여기 왔소"라고 말하며. 역시 파란 도장이다. 모두 들 약속을 했나 보다. 이제 남도대교를 향해 국도를 따라간다. 다행히 지나가는 차량은 별로 없다. 일반 도로에 들어섰으니 속도를 내야 할 것 같다. 이럴 때면 그룹 라이딩이 요긴한데 하는 아쉬운 생각이 든다.

자전거를 타면서 듣는 이상한 용어 중 하나가 '피빨기'이다. 섬뜩한 이 말은 달리는 자전거 뒤에 붙어서 감으로써 에너지 소비를 줄인다는 것으로 영어로는 drafting이라고 하고 이런 사람을 wheelsucker라고 한다. 선두에 있는 사람은 그만큼 열량 소비가 크다는 의미이다. 이는 과학적 근거가 있는 것으로 유체역학적 이론에 의거한다. 주행할 때 라이더와 자전거 주위로 발생하는 공기의 흐름과 연관된 난류의 영향이 선두에 있는 라이더보다 후위에 있는 사람에게 더 유리하다는 결과를 기초로 하는 것이다.[14, 43]

실험적으로 밝혀진 것을 보면 50km/h에서는 두 번째 위치하는 라이더는 선두와 동일한 속도로 달리면서도 68% 정도의 에너지만 사용한다는 것이다. 30km/h에서는 80% 정도만을 소비한다고 한다. 세 번째 위치하는 라이더는 이보다 조금 더 낮은 에너지 소비를 보인다고 한다. 평지를 고속으로 질주하는 장거리 레이싱에서는 20~30%의 효율은 대단한 것이다. 펠로톤을 이끌어 가는 전위 그룹에서는 멤버들 간에 교대로 선두를 바꾸어 달리는 것을 볼 수 있다. 물론 선두에 서지 않으려는 선수와 험악한 대화를 이어가는 경우도 보이긴 하지만. 그런데 15km/h 이하에서는 유의미한 결과를 나타내지 않는다고 하니 한강에서는 "어설픈 핑계를 대며 함부로 뒤에 줄 서지 맙시다"라고 점잖게 한마디 해 두는 것이 좋겠다.

길을 따라가다 보니 언덕 위에 멋진 집이 눈길을 사로잡아 페달링을 멈춘다. 겸사겸사 물을 마시며 잠시 쉬는데, 어떤 사람이 길을 건너온다. 호젓한 길에서의 어색한 만남을 무마하러 시작한 인사가 대화로 이어졌다. 섬진강 강변의 야생화를 보고 온 양봉하는 사람이라고 했다. 아카시아 꿀은 익숙한데, 이곳의 야생화 꿀에서는 어떤 향기가 날지 무척이나 궁금해졌다. 언젠가 파트리크 쥐스킨트[Patrick Suskind]의 소설에 푹 빠져 단번에 읽어낸 적이 있다. 그리곤 한동안 주변의 냄새와 향기에 코가 저절로 민감하게 반응했었다. '조합의 비밀' 그 열쇠를 쥔 사람만이 매혹적인 향수를 만들어 내리라.[57]

아마도 이곳까지 먼 길을 이동해 온 벌들은 그 열쇠를 가지고 있을 것 같다. 그래서 오묘한 향기가 나는 꿀을 조합해 내리라. 과연 그들은 섬진강 강변의 어떤 꽃을 좋아할까? 자줏빛 감도는 금란초 꽃으로 향할까? 아니면 보라색 꽃봉오리가 포도송이처럼 뭉쳐있는 골무꽃에서 파티할까? 그것도 아니면 너무 수줍어 찾아내기도 힘든 참꽃마리꽃을 아껴두고 있을지도 모른다. 섬진강 야생화 꿀. 그것을 담아낼 용기는 독특하고 자그마한 병이어야 한다. 페르시안 블루 컬러의 병이라면 금상첨화이겠다…. 차마 꺼내어 얘기하지는 않았지만, 그 이상의 것들을 그가 이루어 내기를 응원하였다.

얼마쯤 갔을까? 눈앞에 거대한 건물이 나타났다. 커다란 수달 동상이 서 있는 생태박물관이다. 수달이 사는 강. 이 또한 멋지다. 이곳 맑은 강에서 헤엄치며 장난하는 수달의 모습이 떠오른다. 강원도 화천에 사는 수달들과는 자주 연락하고 지내는지. 문득 그곳의 수달들이 그리워졌다. 그리고 그들의 터가 계속해서 온전히 지켜지기를 간절히 바라 본다.

이어지는 자전거 전용 도로를 마음껏 달린다. 아스팔트로 고급스럽게 포장된 하이웨이다. 이런 길을 가면 피로도가 매우 낮다. 노면 상태는 무시하고 전방만 잘 주시하면 되기 때문이다. 더불어 사고 위험도 커진다. 과속을 동반한 주의력 저하 때문이다. 특히 커브에서의 사고는 치명적이다.

평지를 달리는 자전거에서 라이더가 핸들을 일정 각도 틀게 되면 자전거는 그에 상응하는 원호를 따라 곡선주로를 주행하게 된다. 이 때 자전거에는 곡선의 바깥쪽 방향으로 횡력이 작용하게 되며 핸들의 조향각도, 주행하는 속도, 노면 특성 등에 따라 대단히 복잡한 동역학적 거동 특성을 나타내게 된다. 라이더를 포함한 자전거의 횡 방향, 요우 그리고 롤 운동을 고려해서 고단한 수학적 모델을 세울 수 있고 이를 시뮬레이션하면 각각의 조건에서 자전거의 움직임을 분석할 수 있다. 사실 일반인들이 이러한 학술적 해석 과정을 모두 이해할 필요는 없지만, 코너링에서의 특징적인 사례를 살펴보기로 한다.

자전거가 측면 방향으로 완전히 미끄러짐 없이 달릴 수 있는 것은 앞과 뒤의 타이어에서 발생하는 미세한 슬립과 연관되는 횡 방향 힘 덕분이다. 이를 마찰력으로 대치시키면 이해가 쉬울 것이다. 동일한 커브를 같은 속도로 달릴 때 체중이 적게 나가는 사람은 뚱뚱한 사람보다 슬립이 일어날 가능성이 크다. 자전거에서 발생되는, 타이어에서 버텨주는 측 방향 힘이 적기 때문이다. 억울한 일이다. 배불뚝이 아저씨는 무난하게 통과했는데 다이어트를 열심히 한 나는 미끄러져 넘어지다니. 비법은 하나이다. 브레이킹을 하여 속도를 줄이며 코너

링하는 것. F1과 같은 레이싱카에서도 횡 방향 하중 이동에 추가하여 다운 포스down force가 작용하도록 차체 구조를 설계하는데, 코너링 성능을 위해서이다.[14] 늘 그렇듯 가변 변수의 영향도 무시할 수 없음에 반대의 경우도 발생할 수 있으니 방심하지 말고 체중은 지속적으로 관리하는 것이 여러모로 현명하리라.

코너를 돌 때는 곡률 중심 방향으로 몸을 기울여주는 것이 안정적이다. 그런데 당연할 것 같은 이 표현이 가장 위험할 수 있다. 문제는 얼마나 기울일 것인가이다. TV에서 보는 프로 선수들은 문자 그대로 프로다. 수없이 많은 시행착오로 동역학적 밸런스를 몸으로 체득한 사람들인 것이다. 우리는 속도를 줄이는 것이 가장 안전하다. 아니면 사소하게 목숨 걸고 커브를 과감하게 통과하는 우를 범하든지.

한참을 달리다 보니 멀리 특이하게 생긴 건물이 다가온다. 장구를 형상화한 화장실이다. 그러고 보니 섬진강 자전거길을 따라서 몇 개의 독특한 화장실이 순례자들을 기다리고 있었다. 우체통 모양의 화장실도 있었고….

열심히 페달링을 하다 보면 좌측에 대조적인 칼라로 페인팅된 다리가 눈에 들어온다. 남도대교라고 부르는 다리이다. 다리를 건너면 유명한 화개장터가 있다. 사실 유명세에 비하면 볼 것은 없다고 비난하는 사람들도 많다. 장터라는 것은 문자 그대로 '장이 서던 터'다. 아주 오래전부터 5일에 한 번씩 화개장이 서던 곳이다.

이 장터는 지정학적으로 절묘한 지점에 위치하며, 현재 행정구역상 경상남도 하동군 화개면에 속한다. 이 지역은 상업적 선박이 교역물품을 싣고 남해의 광양에서 강을 거슬러 올라올 수 있는 한계 지점이었던 것이다. 화개장 이상의 상류로는 그 정도 크기의 배가 들어갈 수 없었다. 따라서 내륙과 해안의 교역이 이루어지는 최적의 장소가 되었기에, 이곳의 장 규모는 인근 지역을 모두 아우르면서 전국적으로도 손에 꼽힐만하였다고 한다.

화개장을 근거로 얼마나 많은 보부상들이 활약했을까? 내륙에서는 접할 수 없는 소금, 미역, 생선 등의 해산물과 해안가에서는 귀한 곡물, 약초, 연초 등 농산재가 인근 지역을 섭렵하며 활발하게 거래되었을 것이다. 화개장에서는 봇짐장수, 등짐장수 등 행상들의 떠들썩한 입담이 끊이지 않고 이어졌으리라. 인근에 사는 사람들에게도 장날은 '축제의 날'이 아니었을까. 일상에서 잠시 벗어나 다양한 공연과 먹거리, 볼거리에 흠뻑 취할 수 있어 남녀노소를 불문하고 설렘에 밤잠 못 자며 손꼽아 기다리는.

1900년대 중반 이후 거의 소멸되어 가던 화개장은 2000년 초에 현대적으로 상업화된 시설의 시장 형태로 복원되었다. 따라서 기대감에 잔뜩 부풀어 화개장터에 대한 막연한 동화적 이미지만을 담고 오면 너무 동떨어진 모습을 접하면서 실망스러운 발걸음이 될 수도 있을 것이다. 다행히도 4월에 이곳을 방문하면 화개장터에서 쌍계사에 이르는 수 킬로미터의 벚꽃 군무를 만끽할 수 있다고 한다.

인류 역사상 최고의 발명품 중 하나는 바로 바퀴일 것이다. 무엇을 옮기든 간에 늘 골머리를 앓게 하던 마찰의 문제를 한 번에 해결해 주었기 때문이다. 바퀴 중에서도 자전거의 바퀴는 얼마나 혁신적인지. 림과 허브를 가느다란 와이어로 된 스포크로 연결한 경량 구조로 되어 있다. 그럼에도, 100kg이 넘는 사람조차도 이런 가느다란 스포크로 지지해 내는 것을 보면 경이롭기까지 하다. 보통 36개의 스포크로

연결된 바퀴는 최대 400kg까지 지탱할 수 있다고 한다.[43] 산더미처럼 짐을 싣고 가는 자전거의 사진이 절대 무리한 것이 아니었다. 이곳 화개장터에서도 넘쳐나는 물량에 빈번한 모습이 아니었을까?

남도대교 — 매화마을

화개장터를 지나 매화마을을 향해 출발한다. 너무 익숙해져서일까? 강을 따라 내려가고 있음을 재차 잊는다. 그러다 눈에 차오는 광활한 모래사장에 압도되었다. 모래사장은 국어사전에 다음과 같이 표기되어 있다. '강가나 바닷가에 있는 넓고 큰 모래벌판.'

언제부터였는지 모래사장은 해안가에 위치한 해수욕장에 있는 것으로만 머릿속에 남아있었다. 비치^{beach} 말이다. 그런데 눈앞에 펼쳐진 모습으로 그 편견을 단번에 지워낼 수 있었다. 그리고 보니 아득한 예전에 이런 광경을 본 적이 있다. 까까머리 중학교 시절, 수양회라는 이름으로 간 경기도 여주였다. 분명 강이라고 했는데 물은 보이지 않고 광활한 모래사장만이 눈에 가득 차 왔었다. 그리고 그곳에 텐트를 치고 바라본 밤의 하늘은 잊을 수가 없다. 하늘에는 빈틈없이 별들이 쏟아져 내리고 있었다. 북두칠성, 큰곰자리, 카시오페아… 그런 별들만 몇 개 있는 줄 알았던 하늘에는 이름도 모르는 무수한 별들로 가득 차 있었던 것이다.

다시금 섬진강과 함께 나아간다.

매화, 난초, 국화 그리고 대나무–네 가지의 식물을 총칭하여 사군자라고 함은 잘 알려진 바다. 군자의 사전적 의미는 '행실이 점잖고 어질며 덕과 학식이 높은 사람'이다. 똑똑하기만 한 것도, 지식이 많은 것만도 아니라 더불어 바른 됨됨이를 가진 사람이라는 뜻일 것이다. 이러한 됨됨이에 대한 표상으로 오래전부터 문학적 작품이나 서화에서 식물을 비유적으로 나타내곤 하였다.

엄동설한에 대한 잔상이 가시기도 전에 가장 먼저 보게 되는 꽃. 움트는 새싹도 아니고 꽃을 피운다는 것. 잔설이 남아있는 나뭇가지에서 꽃을 피워낸다는 것은 경이롭기까지 했을 것이다. 이것이 바로 매화에 대한 예찬 이유다. 마찬가지로 강렬하고 화려하지는 않지만 은근한 향을 내뿜는 난초. 다가오는 추위에 맞서 늦게까지 꽃을 피워내는 국화. 눈바람과 추위 속에서도 푸른 잎을 지켜내는 대나무. 아마도 이러한 특성들을 사람이 갖추었으면 하는 인품에 투영해 낸 것이리라.

바로 이 사군자 중의 하나인 매화를, 흐드러지게 피어있는 매화의 물결을 볼 수 있는 곳이 바로 섬진마을이다. 매화는 꽃이 주는 의미도 남다르지만, 그것에만 그치는 것이 아니다. 가장 슬픈 꽃을 목련이라고 하던가. 누군가는 그 꽃의 화려한 만개와는 대조적으로 꽃잎이 떨구어지는 과정이 그렇게도 슬프게 보인다고 했다. 그러나 매화는 목련과 다르게 꽃의 짐에 대한 결실을 남긴다. 그것이 바로 매실이다. 특히나 현대에 이르러 건강식품으로 주목받고 있다.

망매지갈望梅止渴, 망매해갈望梅解渴, 매림지갈梅林止渴이라는 고사성어가 있다. 3가지는 같은 의미로 결국 매화나무의 열매인 매실로 인하여 갈증을 해소할 수 있다는 뜻이다. 이와 관련된 고사로 조조가 대군을 이끌고 정벌을 떠났을 때의 이야기가 전해진다. 오랜 행군으로 인한 탈수로 더 이상의 전진이 어려웠을 때 다음과 같이 말하여 위기를 모면했다는 이야기다.

"제군들, 저 앞에 보이는 산에는 매화나무 숲이 있다. 지금 매화나무에는 잘 익은 매실이 가득 달려있다. 힘을 내어 조금만 더 가자."

이 말을 들은 병졸들은 입속에 침이 가득 고였고, 그 덕분에 갈증을 해소한 병졸들이 목적지까지 갈 수 있었다는 것이다.

유명한 파블로프의 조건 반사 실험이 떠오르는 이야기다.

이처럼 매화나무 열매인 매실은 생각만으로도 입에 침이 고일 정도로 신맛이 강하다는 특징을 가지고 있다. 그만큼 유기산이 풍부한 덕분에 주요 효능이 부각되는 것이다. 피로회복, 살균 및 해독 작용으로 대표되는 효능 덕분에, 웰빙이라는 단어와 함께 급속도로 상품화되어 각광 받게 된 것이다.

입소문과 광고의 홍수에 힘입어 수요가 급증하면서 매실의 생산에 적합한 조건을 갖춘 섬진마을에는 매화나무가 집중적으로 식수되어 재배되고 있다. 그래서 이제는 전라남도 광양시 도압면 도사리 일대를 매화마을이라고 부른다. 또한 지역 축제 흐름에 맞추어, 매년 봄에는 매화 축제가 열리기도 한다.

방문한 시기가 수확 전이어서 매화마을에는 매실이 주렁주렁 열려 있었다.

매화마을 인증센터에는 정자가 하나 서 있다. 현판에 '수월정'이라는 이름이 쓰여있다. 안내문의 내용을 인용해 본다.

"수월정은 광양 출신으로 조선 선조 때 나주목사를 지낸 정설이 만년을 소일할 뜻으로 1573년에 세웠던 정자이다. 섬진강의 멋진 풍경과 정자의 아름다움에 반한 송강 정철은 '수월정기'란 가사를 지어 칭송하며 노래했고…"

그리고 송강 정철이 지었다는 '수월정기'의 한 구절도 다음과 같이
인용되어 있다.

"달빛이 비추니 금빛이 출렁이며
그림자는 잠겨서 둥근 옥과 같으니
물은 달을 얻어 더욱 맑고
달은 물을 얻어 더욱 희니
곧 후의 가슴이 맑고 투명한 것과 같다."

정자에 올라 송강 정철이 바라본 모습을, 450년이라는 긴 세월이 지난 지금 바라본다. 상류에서 시작하여 함께 흘러온 강물이 마음속 깊이 차 온다. 달빛을 머금은 모습이 궁금하여 보고 싶기에, 발길이 떨어지지 않는다. 그런데 잠시 후 어린 사내아이가 정자 위로 올라 뛰기 시작했다.

처음에는 주변도 보며 작은 발걸음으로 시작하였는데, 눈을 찡긋 해주었더니 신이 나서 달리기 시작했다. 문득 이런 생각이 떠올랐다.

피아노가 타악기라는 것을 적나라하게 보여주는 곡이 있다. 연주

가 시작되면 마치 천진난만한 어린아이가 피아노에 앉아 신나게 건반을 두드리는 듯하다. 미소를 머금고 지켜보던 엄마가 슬며시 옆에 앉아 멜로디를 연주해 보인다. 어린아이는 잠시 머뭇거리다가 이내 신이 나서 더 힘차게, 함께 두드린다. 엄마와의 짧은 협주는 그렇게 앞으로 한 걸음씩 나아간다. 버르토크Bartok 의 Out of Door를 들으며 떠오른 느낌이었다. 음악은 아름다워야 한다는 강제를 꼭 벗어나야겠다는 저항의 곡처럼 느껴지기도 했다.

그가 느낀 그대로 작곡한 것일 테고, 악보를 보고 해석한 그대로 연주한 결과물일 것이다. 그리고 들으며 느끼는 감상의 평가는 물론 작곡가도 연주자도 아닌 오로지 청자의 몫 아닐까. 특정화된 해석 틀과 방식에 종속되는 것이 아니라 자유롭게 만끽하는 것, 그것이 음악의 즐김이라고 하면 지나치게 개인적이고 주관적인 것일까. 하긴 이런 논지라도, 수잔 맥클러리Susan McClary의 작위적인 음악 접근법과 그 결과물을 보면 경악할 수밖에 없긴 하다. [18, 25, 41]

매화마을 — 배알도

아쉬움과 후련함을 뒤로 하고 배알도를 향해 마지막 여정을 시작한다. 그늘 한 점 없는 길이 끝없이 이어진다. 내리쬐는 태양 빛을 머리에 이고 간다. 자전거 헬멧 안에서는 허연 연기가 끊임없이 피어난다. 강렬한 햇살에 바싹 구워진 아스팔트 냄새가 세포 구석구석을 자극하여 온몸이 불두덩이가 되어 완강한 페달링을 이어간다. 다행히 나온 그늘막 쉼터에서 흐르는 땀을 닦는다. 그리고 불어오는 시원한 바람에 온몸을 내어 맡긴다. 사실 이 말의 의미는 '이제 바다에서 불어오는 바람을 안고 가야 한다는 것'이다. 그래도 좋다. 잠시라도 지금의 바람을 마음껏 불어 넣는다. 그리고는 지나온 향가 터널의 한기가 서럽도록 그리워졌다.

자전거를 탈 때면 늘 느끼는 것이지만, 자연 앞에서 한없이 겸손하게 만들어 준다. 특히나 바람 앞에서는 뾰족한 대책도 없다. 그저 한 땀 한 땀 힘들여 밟아 나가는 것이다. 불어오는 바람에 갈댓잎이 고개를 숙이듯이 한없이 낮은 자세로 묵묵히 나아가는 것이다. 그것만이 최선이다.

이제 해안도로를 따라간다. 그리고 뜻밖에 만나게 되는 건물이 있다. '윤동주 유고 보존 가옥'이다. 그런데 그 느낌을 정확히 표현하자면 생.뚱.맞.다. 횟집이 죽 늘어선 거리의 건물들 사이에 자그마한 건물이 턱 하니 있는 것이다. 다시 한번 읽어 본다. '유고 보존 가옥.' 어려운 말이다.

"일제 강점기가 끝을 보이던 시기인 1941년부터 광복 이후 1948년 시집이 출판될 때까지 윤동주의 유고가 보관되었던 곳"이라는 설명이다. 윤동주의 유고는 잘 알려진 것처럼 '하늘과 바람과 별과 시'를 의미한다. 그런데 그 시집과 이곳은 어떤 상관성을 가지는 것일까? 윤동주가 일본으로 건너가면서 후배에게 맡긴 미발간 시집 원고를 이곳에서 보관하였다는 것이다. 아하! 그랬구나. 이곳은 그 후배의 집이었던 것이다. 원고를 잘 보관하고 있던.

섬진강 자전거길을 따라오면서 일제 강점기의 잔재들을 많이도 접하게 되었다. 그런데 어찌 섬진강에서뿐이겠는가. 이런저런 생각에 무거운 마음으로 다시 해안도로를 따라가는데 좌측으로 조그만 섬이 보인다. 바로 배알도다. 이름이 참으로 특이하다. 이는 윤동주 유고 보존 가옥 뒤편으로 있는 망덕산을 배알하고 있다는 의미로 지어진 것이라 한다. 배알하다. 이 또한 쉽지 않은 용어다.

윤동주에 대한 아쉬움이 너무 크게 가슴에 남았다. 그래서 섬진강 종주 이후에 서울로 돌아와 윤동주 문학관을 찾았다.

서울 부암동 언덕 위에는 윤동주 문학관이 있다. 윤동주를 생각하며 많은 고뇌를 했음이 느껴진다고 할까. 건물을 마주하면 '정갈하고 담백하다. 그런데 기품이 있다'라는 말이 자연스럽게 나온다. 그런 마음들이 공유되는 것인지 다양한 건축 관련 상을 받았다고 한다.

건물 안에는 시인과 관련된 자료들이 전시되어 있다. 그러나 그의 삶이 짧은 만큼 기록물도 적다. 그 아쉬움이 너무도 크게 쌓인다. 안쪽으로 이어지는 건물은 과거 청운 수도가압장과 물탱크를 절묘하게 살려 연결한 부분이다. 특히 닫힌 우물로 불리는 제3전시실은 그 용도가 폐기된 물탱크를 원형 그대로 보존하여 만든 곳으로 자그마한 나무 의자에 앉아 윤동주의 일생과 그의 시 세계를 담아낸 영상물을 감상할 수 있다. 이 공간에 있으면 정말로 가슴이 먹먹해진다.

완강히

밀폐된 공간에서

숨죽여

그를

만난다.

그리고

눈을 들어

그토록

갈망했던

자유함을

본다.

배알도 일대에는 벚굴을 파는 곳이 많다. 그 크기가 어른 손바닥만 하다고 하니 일반 굴과 비교해서 5~6배나 큰 셈이다. 이곳은 강물과 바닷물이 만나는 곳이다 보니, 바다에서 양식하는 굴에 비하여 짠맛이 덜 하다고 한다. 그만큼 담백하다는 것이다. '벚굴'이라는 명칭에서도 알 수 있듯이, 벚꽃이 피는 봄에만 먹을 수 있다고 한다. 그래서 아쉬움을 달래며 그들의 벚굴 예찬만 배불리 먹게 되었다.

굴은 전 세계적으로 널리 분포하며 종류도 다양하다. 많은 사람들이 좋아하는 식품으로, 생으로 먹는 방법부터 시작해서 요리도 무척 다채롭고 많으며, 그 효능에 대한 소문도 무성하다.

우리는 주로 껍데기를 까서 알맹이만 골라낸 굴, 일명 '알굴'이 익숙하고, 그것이 들어간 요리를 주로 먹는다. 마트에서도 이런 형태로 판매되는 굴이 대부분이며, 생으로 먹는 굴도 이런 알굴 형태로 제공되는 경우가 대부분이다. 우리네에게는 너무도 편하고 익숙한 방법이지만 생산지에서는 그 껍데기의 처리가 골칫거리라고 한다. 외국에서는 우리가 부르는 석화처럼 껍데기에 붙어있는 형태로 제공되는 생굴을 자주 보게 되는데, 이런 개체 굴은 우리와 달리 그 껍데기가 얇은 품종이어서 가능한 듯하다.

노란 넥타이에 흰색 앞치마를 두른 머리가 희끗희끗한 멋쟁이 웨이터분이 가져온 얼음이 깔린 쟁반 위에, 가지런히 반라의 모습으로 누워있던 모습은 경이로웠다. 강렬한 레몬 조각의 향도 잊을 수 없다. '굴'이라고 하는 익숙한 단어의 한계를 뛰어넘는 놀라운 경험이었다. 프로방스의 끝자락 마르세유에서 각인된 기억은 찬바람이 불어올 때면 어김없이 나를 불러일으킨다. 그리고 가슴 가득 기대감을 불어넣는 것이다. 문득, 입맛을 다시며 아주 오래된 기억을 들추어낸다.

자연에서 채취하는 굴은 지속성과 연속성에 문제가 많으므로 주로 양식을 통해 공급하게 되는데, 한국에서는 파도가 잔잔한 통영, 고성과 거제 등을 중심으로 한 경남에서의 생산량이 전체 굴 생산량의 75% 정도를 차지한다고 한다. 압도적인 점유량이다.

'열심히 까던 굴 하나를 입에 털어 넣고는 미련 없이 떠나던 그의 수첩에는 100만까지 카운트되어 있었다.' 고됨의 상징으로 남아 있는 영화의 한 장면이다. '셰프'라는 제목의 이 영화는 강렬함과 도대체 왜라는 물음으로 시작되었고 고개를 끄덕이며 마무리되었다. 이곳 배알도의 굴집들은 그렇지 않아도 좋아하는 신선한 굴을 맛보기 위해서는 찬바람이 불 때까지 견뎌 내야 한다는 사실을 환기시키며, 더 괴롭게 흔들어 대고 있었다.

이제 바다를 맞는다. 강이라 하기에는 민망할 정도의 미미한 물길
이 묵묵히 쌓여 광대한 물줄기를 만들어 내었다. 그리고 드디어 그 종
착지인 바다와 만나는 것이다. 우리의 삶, 나아가 역사에도 많은 시련
의 아픔이 있었다. 그러나 해내었다. 그 모든 것을 극복해내고, 결국
이렇게 이루어 낸 것 아닌가. 바다를 보며, 그간 어둡던 마음이, 가슴
이 다시금 벅차게 뛰어오르기까지 하는 것이다.

섬진강 자전거길의 종착지인 배알도 해변공원 인증센터를 향하여
마지막 관문인 다리를 건넌다. 바다에서 불어오는 바람과 고속 질주
하는 화물차의 광풍을 뚫고 조심스럽게 나아간다. 다리가 매우 높다.

그야말로 바다 위에 놓인 다리 위를 가고 있는 것이다. 수면 위에 떠 있는 배들은 각자의 일들로 소리 없이 분주해 보인다.

이제 끝이라는 생각에 표지판을 미처 확인하지 못하고 그대로 내리막길을 따라갔다. 그런데 화물차가 질주하는 도로에 인도를 개조한 옹색한 자전거 도로가 이어지고 있는 것이다. 그것도 매우 좁고 나무와 풀이 무성한 길이었다. 한참을 가다가 확인해 보니 목표 지점을 지나친 것이었다. 중간에 길에서 빠져나가야 했었다. 결국 내려온 길을 되돌아 올라갔다. 다시금 스스로에게 애써 관대해지는 순간이었다. 그리고 최종 목적지인 배알도 해변공원 인증센터에 도착하였다.

마지막까지도 이런 우여곡절을 거쳐내고 말았다. 감개무량이라는 단어가 툭 하고 튀어나왔다. 이렇게 1박 2일간의 섬진강 자전거길 순례의 대장정의 막이 내렸다. 드디어 마지막 도장을 찍은 것이다. 물론 파란색이다.

순례를 마치며

이제 서울로의 복귀가 남았다.

현지 차량을 이용하여 순천으로 점프한다. 집으로의 복귀 루트를 여러모로 검토해 보았었다. 그리고 결정한 것도 역시 기차를 이용하는 방법이다. KTX가 연결되어 있어 2시간 30분이면 서울에 도착한다. 순천-서울의 소요 시간이 겨우 이 정도라는 사실에 놀란다.

1980년대 중반, 여수에서 쾌속선을 타고 부산에 간 적이 있다. 차가운 겨울바람을 맞으며 친구와 둘이서 서울-여수-부산의 삼각형을 그려보는 원대한 여정을 꿈꾸었다. 그때 서울에서 여수까지는 기차를 타고 갔는데 10시간 정도 소요되었던 것으로 기억한다. 그런데 이제는 그 시간을 1/4 수준으로 줄여 내었으니 앞으로의 기술이 더욱 궁금해진다.

그런데 이 옵션에는 치명적인 단점이 있었다. 자전거를 가지고 갈수 없다는 것이다. 휴대 물품으로는 지나치게 크기 때문에 화물로 처리를 해야 하는데… 그래서 택한 최종적인 방법은 택배로 발송하는 것이었다. 다행히 순천 현지의 자전거 숍은 규모도 컸고 무척이나 친절했다. 그들의 숙달된 솜씨는 눈앞에서 일사천리로 척척 진행되게 하였다. 1박 2일간의 분신으로 동행했던 자전거와의 이별이다. "수고했다! 집에서 보자꾸나." 이제야 몸과 마음도 홀가분해졌다.

'착한 진심이 만드는 따뜻한 국밥.' 아! 얼마나 진정성이 느껴지는 글귀인가. 이 말에 이끌려 초행길의 식사 장소는 이곳으로 정해진 것이다. 요즘 어느 음식점을 가도 TV 출연을 안 한 곳이 없다. 이곳도 어김없이 낯익은 연예인이 입이 터질 듯 먹는 사진이 붙어있다. 그래도 이 집은 맛으로 유명해진 곳인가 보다. 뜨거운 국밥 한 그릇을 '마파람에 게 눈 감추듯'이라는 상투적인 표현에 가장 근접했다고 느낄 만큼 빠르게 비워내었다. 이제야 주변의 사물들이며 그 일상이 눈에 들어온다. 마침 장이 서는 날이었나 보다. 저녁이 가까워져 오는 시간이니, 새벽 공기를 가른 부지런한 상인들은 이미 철수를 하였고, 느긋한 기운만 남아있었다. 자! 이제 집으로의 복귀다. 순천역으로 향한다.

이제 KTX에 오른다. 기나긴 여정이었다. 객차에 올라 자리를 확인한다. 푹신한 시트가 온몸을 감싼다. 이로써 순례의 여정은 모두 종결되는 것이다. 가슴 한구석이 뜨뜻해져 온다. 머릿속에는 한참이나 지난 것처럼 지나간 일정의 파편들이 불쑥불쑥 떠오른다. 열차가 출발한다. 드디어 모든 노정의 마침이 실감 나는 것이다.

이어폰을 꽂아 흘러나오는 음악은 바흐의 BWV 639.

양치기 소년이 있었다. 양은 스스로를 방어할 수 없는, 외력에 무기력한 존재의 대명사인 것처럼, 모든 것을 전적으로 목자Shepherd에 의지한다. 양들은 그의 이끎과 지킴에 의존해서만 살아갈 수 있는 것이다. 골리앗이 나타났다. 이스라엘에서는 키 크고 잘생긴 사울 왕을 포함하여 누구도 나서서 그와 대적하지 못하고 있으며, 골리앗이 쏟아내는 능멸을 온몸으로 받아내고 있었다. 전장에 나가 있는 형들을 문안하라는 아버지의 말씀을 따라온 그는 무기력한 이스라엘의 모습에 의아했다. 골리앗이라는 존재감이 그의 믿음과 신뢰를 가릴 수 없었던 것이다. 그가 담대히 나서서 한 일은 조약돌 몇 개를 고르는 것이었다. 사울의 갑옷도 검도 아닌 오직 그가 익숙한 방법으로. 그리고 그 이후의 결과는 우리가 너무도 잘 알고 있다.

이 유명한 일화의 주인공인 다윗이, 그 이후 생사를 넘나드는 격랑의 세월 속에서도 굴하지 않고 나아가며, 시편에 기록한 유명한 구절 중에는 "… 나의 영혼을 소생시키시며 …"라는 표현이 있다. BWV 639. 이 작품의 연주를 들으면, 각박한 세상 속에서, 살아가는 믿음을 잃어버려 방황할 때 쉴만한 물가로 인도되어 다시금, 조금씩 회생되어 짐을 느끼게 된다. 그리고 고백하는 것이다. "It is well with my soul."

수없이 많은 생과 사의 고비를 넘기고, 권좌에 올라서도 아들의 반란과 그들의 죽음을 겪어내야 하는 등 인간으로 차마 감내하기 힘든 세월을 감당했던 다윗에는 비할 바가 아님을 깨닫게 된다. 그리고 자욱한 삶의 터널을 지나며 고비마다 품어내는 그의 고백들은 큰 위로를 주는 것이다.[12]

'Ich ruf' zu dir, Herr Jesu Christ 주여, 제가 부르나이다'라는 코랄을 토대로 작곡한 바흐의 코랄 전주곡 Prelude인 BWV 639는 오르간으로 연주된다. 오르겔이라 불리는 파이프 오르간 소리를 좋아한다. 주석과 납의 합금으로 만들어진, 길이와 굵기가 다양한 은빛 파이프들이 벽면 가득 채워진 모습은 눈부시게 멋지다. 누군가 파이프 오르간 하나가 오케스트라와 같다고 했다. 그만큼 다양한 소리를 웅장하게 낸다는 의미일 것이다.

피아노와 같은 일반적인 건반악기와는 달리 건반이 2층에서 5층까지 있으며, 특이하게 발 건반도 있다. 그래서인지 온몸을 사용하는 오르간 연주자의 움직임은 무척 바빠 보이면서도 우아하다. 우아함으로 느끼는 정확한 이유는 모르겠지만, 여러 관절이 어우러지며 이어지는 동작들이 발레에서 느껴지는 연상적 이미지와 겹쳐져서일까. 일부 피아니스트의 경박하고 과장된 몸짓을 오르가니스트에게서는 본 적이 없다. 그래서 파이프 오르간으로 듣는 BWV 639는 온몸에 전율이 흐르게 한다. 입체적인 음향은 천상의 소리를 듣는 듯하다.

이 곡이 이처럼 큰 위로와 감동을 준다는 사실에 많은 작곡가들이 탄복하였고, 특히 큰 감명을 받은 부조니는 피아노 버전으로 편곡하였다. 현재까지 수많은 피아니스트들이 연주하여 음반으로 발표하고 있다. 유튜브에서도 다양한 연주를 만나 볼 수 있는데, 그중 눈에 띄는 연주자가 있다. 발렌티나 리시차valentina lisitsa다. 코로나 사태로 인해 대부분의 연주자들이 공연을 취소함에도 불구하고 내한하여, 마스크를 쓰고 예정된 연주를 진행하여 놀라게 하더니, 공연 도중에 연주를 멈추는 일로 두 번 놀라게 하고, 방대한 앙코르로 세 번 놀라게 한 우크라이나 출신의 피아니스트다. 그녀가 이 곡을 연주하는 영상을 보면 담담하다고 할까? 대부분의 연주자들이 극도로 절제된 모습으로 내면의 감정을 조심스럽게 풀어내는 것에 비하면 자연스럽고 편안해 보이기까지 하는 연주 스타일이다. 올라프손의 연주를 들어보면 더욱더 자신에 침잠한 모습으로 내면의 목소리를 조심스럽게 꺼내 보이는 느낌이다. 보통 젊은 연주자에게서는 느끼기 힘든 감정적 성숙함에 놀라게 된다. 모든 연주들이 좋지만, 나에게는 디누 리파티의 연주가 독보적이다.

리파티는 1917년 루마니아 출신으로, 당대의 거장들로부터 찬사를 받던 천재 피아니스트였다. 찰리 채플린이 자기가 살면서 만나본 세 명의 천재 중 하나라고 했던 피아니스트인 클라라 하스킬조차도 부러워했던 재능의 소유자가 바로 디누 리파티인 것이다. 어린 시절부터 그 뛰어난 재능을 알고 있던 부모지만 편안한 유년 시절을 보내게 한 후 11살이 되어서야 정규 피아노 레슨을 시작했다고 한다. 조기 교육으로 인한 천부적 재능의 변질을 우려해서라고 하니 그들의 긴

호흡이 존경스럽기까지 하다. 이후 파리 고등 음악원을 졸업하고 원숙한 연주자로 성장해 나갔다. 매일 12시간이 넘도록 연습을 했다는 일화는 그의 완벽한 연주에 대한 근원이 재능과 어우러진 고된 노력의 결과라는 사실을 보여주는 것이다.

탁월한 실력에도 불구하고 겸손한 피아니스트였던 리파티의 마지막 연주는 1950년 10월이었다. 그의 나이 33세. 바흐 파르티타 1번, 모차르트 피아노 소나타 8번, 슈베르트 즉흥곡, 쇼팽 왈츠로 구성된 프로그램은 완결되지 못하였다. 백혈병으로 투병 중이던 리파티의 마지막 브장송 페스티벌 콘서트는 주변의 만류에도 불구하고 청중들과의 약속을 지키려는 그의 노력의 결과였지만, 병고의 후유증으로 탈진하여 마지막 곡을 연주하지 못한 것이다. 다시 기운을 차린 그가 'Jesu, Joy of Man's Desiring인간의 소망과 기쁨 되시는 예수'를 연주하였고, 그곳에는 그의 생애 마지막 연주를 들으며 숨죽인 흐느낌으로 가득 찼었다고 한다.

디누 리파티가 연주하는 BWV 639를 듣는다.

지휘자 에르네스트 앙세르메Ernest Ansermet 는 "리파티는 천사처럼 피아노를 쳤고, 성자처럼 살았지요"라고 회상한다.

3분도 채 되지 않는 짧은 이 곡이 주는 긴 여운의 안식과 소생의 기쁨을 누리며, 모든 순례의 여정은 감사함으로 막을 내린다.

생각과 글이 이어진 책들

17. 모차르트 이야기 칼 바르트 저 · 문성모 역 | 예솔 (2006)

18. 뮤직 센스와 난센스 알프레트 브렌델 저 · 김병화 역 | 한스미디어 (2017)

19. 바흐 평전 박용수 저 | 유비 (2011)

20. 바흐의 무반주 첼로 모음곡을 찾아서 에릭 시블린 저 · 정지현 역 |

21세기북스 (2017)

21. 바흐의 생애와 예술 그리고 작품 요한 니콜라스 포르켈 저 · 강해근 역 |

한양대학교출판부 (2005)

22. 박사가 사랑한 수식 오가와 요코 저 · 김난주 역 | 현대문학 (2014)

23. 밤으로의 여행 크리스토퍼 듀드니 저 · 연진희, 채세진 공역 | 예원미디어 (2008)

24. 백석 평전 김영진 저 | 미다스북스(리틀미다스) (2011)

25. 베토벤 마르틴 게크 저 · 마성일 역 | 북캠퍼스 (2020)

26. 변방을 찾아서 신영복 저 | 돌베개 (2012)

27. 불안 알랭 드 보통 저 · 정영목 역 | 은행나무 (2011)

28. 비커밍 미셸 오바마 저 · 김명남 역 | 웅진지식하우스 (2018)

29. 살아야 하는 이유 강상중 저 · 송태욱 역 | 사계절 (2012)

30. 생존자 테렌스 데 프레 저 · 차미례 역 | 서해문집 (2010)

생각과 글이 이어진 책들

에필로그

변방^{邊方}은 소외와 고립으로 읽혀야 하는 것일까?[26]

이제 외진 곳으로써의 변경^{邊境}은 과거형이다. 가까이 가기 어려웠
던 곳 대부분은 접근성이 몰라볼 정도로 개선되었다. 아직도 오지로
남은 지역은 그 불편함을 기꺼이 감내하고 즐기려는 사람들의 발길로
분주해지고 있다. 어쩌면 어설픈 개발보다는, 현실의 다소 팍팍함을
감내할 수만 있다면, 변지^{邊地}다움으로 남는 용기도 낼 수 있을지 모
른다. 자발적 변방으로서.

자전거로 이런저런 먼 곳을 달려보았다. 사람들은 그런 곳을 변방
이라 불렀다. 특정 지역에서 떨어져 있음을 뜻하는 것 같았다. '멀리'라
는 것은 지리적 거리를 의미하기도 하지만 도달하는 번거로움 정도도
반영하는 것이리라. 과거에 그곳은 가기에 부담스러웠던 곳, 그래서
어떤 것이든 도달하기 어려웠던 곳이었음이 틀림없다.

이렇듯 변국邊國은 철저히 소외되어 존재해 왔다. 도시의 흐름과 동떨어진 정체에 가까운 느릿함으로. 그래서 오랜 시간이 지남에 따라 그 괴리는 점점 더 심화되고 고형화 됐으리라.

반대로 도심의 과도한 개발과 밀집성은 사람들을 서서히 질식시켜 나가고 있다. 바로 곁에서 일어나는 질병과 죽음이 나와는 무관하리라는 교만함과 너무도 쉽게 사멸할 수 있는 존재라는 사실조차도 습관적으로 망각하면서, 이제 일상화되고 누적된 자기 착취의 광포함은 개인적인 문제는 물론 사회적인 문제를 적나라하게 드러내고 있는 것이다.[55]

휴일에는 온전한 숨을 쉬기 위해, 마치 쓰나미처럼 허겁지겁 도심을 빠져나간다. 이곳과 다른 그곳을 선망하며 떠나가는 것이다. 고갈된 무엇을 채우기 위해 그 먼 곳까지 마다하지 않고 달려간다. 지친 우리를 넉넉한 품으로 안아주리라는 갈망 속에.

공간적 거리감은 아무런 문제도 되지 않게 되었다. 그동안의 외짐
으로 인한 격리가 오히려 신선하고 독특함을 제공하며 주목받기에
이르렀다. 그러나 많은 이들의 쏠림은 그곳도 자극하여 급속도로 변
화시켜 나가고 있다. 변지는 그렇게 사라져 간다. 이제 거리만 떨어져
있을 뿐 이곳과 유사한 곳으로 재탄생하는 것이다. 이러한 변방성의
상실은 새로운 변국의 발견을 갈구하게 한다. 그래서 오늘도 새로운
그곳을 찾아 떠나가는 것이다. 삶이 너무 핍진하여 한 몸 누일 곳조차
마땅치 않다고 여겨질 때 찾을 수 있는 곳이 있다면 얼마나 큰 위로가
될까? 정신적, 심적 곤궁함이 어찌 물질적 궁핍함에 미치지 못한다 박
대하리오.

변방은 이렇게 허한 가슴을 붙들고 찾아갈 수 있는 따뜻한 곳으로
남아있기를 기대하며 오늘도 향하는 '그곳'인 것이다.